装配式建造关键技术丛书

装配式混凝土
建筑施工与信息化管理关键技术

组织编写　北京市住宅产业化集团股份有限公司

主　　编　杨思忠　张　勃

中国建材工业出版社

图书在版编目（CIP）数据

装配式混凝土建筑施工与信息化管理关键技术／杨
思忠，张勃主编. － 北京：中国建材工业出版社，
2021.10
（装配式建造关键技术丛书）
ISBN 978-7-5160-3221-3

Ⅰ．①装… Ⅱ．①杨… ②张… Ⅲ．①装配式混凝土
结构—混凝土施工 Ⅳ．①TU755

中国版本图书馆 CIP 数据核字（2021）第 099922 号

内 容 简 介

发展装配式建筑是国家推动建筑业转型升级的重大决策和举措。装配式混凝土结构是装配式建筑最主要的结构形式，其应用也最为广泛。

本书分为概述、施工组织及管理策划、构件加工图设计、预制构件生产供应与安全管理、施工关键技术、施工安全、BIM 技术应用、施工质量验收、经济分析九个章节，全面、系统、细致地介绍了装配式混凝土结构建筑发展历史及其施工技术，体现了国内最新研究成果已在多个工程项目中得以实践、应用推广，社会经济效益显著。

本书可供从事装配式建筑研发、设计、生产特别是施工领域专业人员学习使用，也可供土木工程院校师生参考。

装配式混凝土建筑施工与信息化管理关键技术
Zhuangpeishi Hunningtu Jianzhu Shigong yu Xinxihua Guanli Guanjian Jishu
组织编写　北京市住宅产业化集团股份有限公司
主　编　杨思忠　张　勃
出版发行：中国建材工业出版社
地　　址：北京市海淀区三里河路 1 号
邮　　编：100044
经　　销：全国各地新华书店
印　　刷：北京印刷集团有限责任公司
开　　本：787mm×1092mm　1/16
印　　张：9.25
字　　数：200 千字
版　　次：2021 年 10 月第 1 版
印　　次：2021 年 10 月第 1 次
定　　价：68.00 元

本书编委会

顾　问：金　炎　王春雷

主　编：杨思忠　张　勃

副主编：刘立平　王　炜　王继生　赵宏丽

编　委：车向东　赵志刚　唐国安　岑丽丽　张　阳

　　　　刘　洋　张仲林　齐博磊　杨　谦　李相凯

　　　　王迎邓　李　健　张　顼　王金友　袁啸天

前　　言

装配式建筑源自欧洲，早在 20 世纪 50 年代初，我国成片、大规模住宅区的快速开发建设为缓解当时的住房紧张做出了贡献。伴随我国的经济体制改革，不同类型房屋建筑的性能和价格竞争越发激烈，现浇技术因具有建造效率高、成本低、适应高层建筑和市场多样性等优势而得到迅速应用，在 20 世纪 90 年代，以大板住宅为代表的装配式建筑逐渐被市场淘汰。

进入 21 世纪，随着社会的发展，人们对建设和谐宜居、环境友好型社会，改善人居条件，打造绿色生态、低碳环保高品质建筑的关注，装配式建筑得以重生并全面发展。2016 年，国务院办公厅印发《国务院办公厅关于大力发展装配式建筑的指导意见》（国办发〔2016〕71 号），指出"力争用 10 年左右的时间，使装配式建筑占新建建筑面积的比率达到 30%"。据住房城乡建设部统计数据，2020 年全国新开工装配式建筑共计 6.3 亿 m^2，较 2019 增长 50%，占新建建筑面积的比率约为 20.5%，我国装配式建筑进入全面发展新阶段。

诚然，近年来装配式建筑发展成绩显著，但制约其发展的问题依然突出，集中体现在标准化程度较低，智能化生产推广不够广泛，机械化应用水平有待提升，信息化技术应用场景亟待开拓扩展，全产业链、全要素协同发展还不够充分等方面。近年来，围绕绿色发展理念及"双碳"目标的提出，我国对装配式建筑高质量发展提出了更高要求。为推进装配式建筑快速稳健发展，必须加强科技创新的引领和驱动作用，健全产业链条，夯实产业基础，进一步提升建筑品质，全面提高以装配式建筑为代表的新型建筑工业化发展水平，带动行业转型升级。

在国家大力发展装配式建筑、积极推进建筑行业转型升级的大背景下，涌现出一批以推动行业发展、引领技术创新为使命的优秀企业，如以北京市保障性住房建设投资中心为代表的 5 家市属国有企业，整合内部同类优势资源，共同出资成立北京市住宅产业化集团股份有限公司（以下简称"产业化集团"），快速发展成为以工程总承包（EPC）模式创新为高质量发展引擎的示范企业、全国首批装配式建筑产业基地和全国房屋建筑预制混凝土构件十强企业。

产业化集团成立以来，承接装配式建筑设计咨询项目 350 余万 m^2，预制构件供应 100 余万 m^3，EPC 工程总承包项目 60 万 m^2，累计参与的各类装配式建筑项目总面积超过 1500 万 m^2，积累了丰富的工程实践经验。先后承担研究课题 35 项，参编国家、行业、地方标准 36 项，获得专利 32 项、软件著作权 10 项，荣获住房城乡建设部华夏建设科学技术奖、中国建材联合会科技进步奖、中国混凝土与水泥制品协会行业技术革新奖、"建华工程奖"等多项大奖和殊荣。

针对行业管理痛点，产业化集团自主研发了以预制构件身份数字化技术为核心，集成 BIM、物联网、大数据管理、智能生产、云计算等先进技术的"装配式构件信息管理系统（PCIS）"，助推产业提质增效，为行业数字化转型和信息化技术应用提供示范和引领。该系统经中国混凝土与水泥制品协会组织专家鉴定，总体上达到本行业国际先进水平，并获得 2018 年度水泥制品行业一等奖。产业化集团在装配式建筑领域进行的大量卓有成效的科技研发与实践，取得了显著的社会效益和经济效益，提升了我国装配式混凝土住宅部品部件制造和施工的整体技术水平，也为本书的编写提供了生动翔实的案例和素材。

本书结合国内外装配式建筑发展历史、现状和趋势，重点从施工组织及管理策划、构件加工图设计、预制构件生产供应与安全管理、施工关键技术、施工安全、BIM 技术应用、施工质量验收、经济成本分析八个方面，详细、全面地介绍了装配式混凝土建筑施工与信息化管理的关键技术，是行业最新研究成果的集中体现。

本书编写过程中力求内容精练、图文并茂、重点突出、文字表述通俗易懂，可供从事装配式建筑研发、设计、生产特别是施工领域专业人员学习和参考使用。

此外，本书参考装配式建筑专业人才培养目标、教学计划的特点和要求，以国家行业标准规范及政策为依据编写，可提高读者的实践应用能力，具有实用、系统、先进等特色。

限于作者的水平和条件，加之时间较仓促，书中难免有疏漏和不妥之处，恳请广大读者提出宝贵意见，以便订正。

编　者
2021 年 3 月

目　　录

1　概　　述

发展装配式建筑有利于节约资源能源、实现绿色施工、提升劳动生产效率和质量安全水平，有利于促进建筑业与信息化工业深度融合，培育新产业、新动能，是实现建筑产业现代化的必然选择。发展装配式建筑已经上升为国家推动建筑业转型升级的重大决策。

随着《中共中央国务院关于进一步加强城市规划建设管理工作的若干意见》（中发〔2016〕6号）和《国务院办公厅关于大力发展装配式建筑的指导意见》（国办发〔2016〕71号）两个重要文件相继出台，全国各地都高度重视装配式建筑的推进工作，突出表现为各项标准规范编制、修订工作日益加快，经济与技术政策、发展规划的出台力度逐步加大，新开工建设项目采用装配式建筑的占比大幅度提高，装配式建筑呈现爆发性增长趋势。

1.1　基本概念

装配式建筑就是以工业化方式生产的预制部品部件在工地装配而成的建筑，其基本特征主要体现在标准化设计、工厂化生产、装配化施工、一体化装修和信息化管理。

根据《装配式建筑评价标准》（GB/T 51129—2017）认定标准，装配式建筑应同时满足以下要求：

（1）主体结构部分的评价分值不低于20分；

（2）围护墙和内隔墙部分的评价分值不低于10分；

（3）采用全装修；

（4）装配率不低于50%。

装配率是指"单体建筑室外地坪以上的主体结构、围护墙和内隔墙、装修和设备管线等采用预制部品部件的综合比例"。

不少地区还对装配式建筑预制率提出了要求，《装配式建筑评价标准》（GB/T 51129—2017）中将预制率规定为"工业化建筑室外地坪以上主体结构和围护结构中预制部分的混凝土用量占对应构件混凝土总用量的体积比"。

通俗而言，装配式建筑的预制率仅指结构专业预制构件应用的比例，而装配率的概念较预制率更宽泛，除了预制率，还包含建筑预制部品的应用比例和设备管线分离、装修等的应用比例等。

1.2 发展历史

1.2.1 国外发展历史

国外装配式建筑源于 20 世纪初期，至今已有近百年历史，已经发展到了相对成熟、完善的阶段。西方发达国家根据各自的经济、社会、工业化程度、自然条件等特点，选择了不同的道路和方式，取得了显著成绩，其中最具代表性的有日本、德国、美国等国家。

1. 日本

1960 年以后，日本经济逐步恢复，人口急剧膨胀，住宅需求量迅速扩大。日本通过制定一系列推进装配式建筑的方针政策，以立法方式保证混凝土构件的质量，制定统一的模数标准，解决了标准化、大批量生产和多样化需求之间的矛盾，并且简化现场施工操作，使装配式建筑进入良性循环的发展轨道。

经过多年的发展，日本装配式建筑技术发展成熟，在提高工程建设速度上优势明显。以 1960—2000 年为例，日本新建住宅中装配式建筑占比从不足 3％攀升至 28％。截至目前，日本的高层和超高层建筑已实现完全装配化，其装配化率达到 85％以上，多层住宅也以装配式为主。

其建造特点如下：以发展框架结构为主，减震隔震技术应用广泛；通过精细化的细节设计提升整体建筑品质，如现浇混凝土框架柱转角处理、滴水与结构一体化施工、钢混结合的楼梯、折角装饰混凝土构件等；出厂构件表观精美，施工现场干净、整洁；突出了"集合住宅"体系化设计策略，实现了建筑长寿命化，形成了"主体工业化"与"内装工业化"协调发展的格局，装配式建筑建造从"追求数量"到"数量质量并重"再到"综合品质提升"。

2. 德国

德国最早的预制混凝土板式建筑源于 1926 年。第二次世界大战结束以后，德国用预制混凝土大板技术建造了大量住宅建筑。与常规现浇加砌体建造方式相比，预制混凝土大板技术造价高，建筑缺少个性，难以满足今天的社会审美要求，1990 年以后基本不再使用。与此同时，混凝土叠合墙板技术体系发展较快，应用较多。该体系采用混凝土预制叠合楼板、叠合墙体作为楼板、墙体的模板使用，结构整体性好，混凝土表面平整度好，节省抹灰、打磨工序。与预制混凝土实体楼板相比，叠合楼板质量轻，节约运输和安装成本，逐步成为市场主流。据统计，混凝土叠合预制板体系在德国建筑中占比达到50％以上。

德国装配式建筑抗震要求低，混凝土预制构件钢筋少，连接容易，工业化、信息化程度高。其建造特点如下：从设计开始（信息化设计）到 PC 构件的生产方式（数控式、自动化的生产）再到施工企业的管理（信息化的管理），不断追求设计、生产、管理流程标准化和作业机械化，从而提高了装配式建筑的建造效率，提高了质量，减少了人工，减少了排放，涌现了诸如 Vollert、Avermann 及 SAA 等国际知名自控设备及系统软件、硬件研发制造企业。

此外，德国装配式建筑标准规范体系完整全面。首先，装配式建筑必须满足各项技术性能要求，如结构安全性、防火性能、防水、防潮、气密性、透气性、隔声、保温隔热、耐久性、耐候性、耐腐蚀性、材料强度、环保无毒等。其次，装配式建筑要满足生产、安装方面的要求。

目前，德国的公共建筑、商业建筑、"集合住宅"项目大多因地制宜、根据项目特点，选择现浇与预制构件混合建造体系或钢混结构体系建设实施，并不追求高比例装配率，而是通过对策划、设计、施工各个环节进行细化、优化，寻求项目的个性化、经济性、功能性和生态环保性的综合平衡，装配式建筑与节能标准相互之间充分融合。

3. 美国

美国装配式建筑起源于 20 世纪 30 年代的汽车房屋，内部有暖气、浴室、厨房、餐厅、卧室等。其特点是既能独自成为一个单元，也能互相连接起来。美国由此出现了装配式建筑产业化、标准化的雏形。

20 世纪 60 年代后，美国装配式建筑进入一个新阶段，其特点就是现浇集成体系和全装配体系，从专项体系向通用体系过渡。1976 年，美国国会通过了国家工业化住宅建造及安全法案，同年出台了一系列严格的行业规范标准，一直沿用至今。

2000 年后，美国装配式建筑走上了快速发展的道路，产业化发展进入成熟期，解决的重点是进一步降低装配式建筑的物耗和环境负荷、发展资源循环型可持续绿色装配式建筑与住宅。

美国装配式建筑建造特点如下：主要面向公共建筑，如车库、超市等，高层写字楼一般以钢结构＋外墙挂板为主，广泛应用双 T 板、预制柱和预制空心楼板等预制构件。美国住宅用构件和部品的标准化、系列化、专业化、商品化、社会化程度很高，几乎达到 100％，用户可通过产品目录买到所需的产品。这些构件结构性能好，有很大通用性，也易于机械化生产。

1.2.2　国内发展历史

我国装配式建筑起步于 20 世纪 50 年代，大体可分为两个时期：一是 1950—1990 年的大板装配式建筑时期；二是 2007 年以来的新型装配式建筑时期，1990 年后装配式建筑有 15 年左右的停滞期。

1. 大板装配式建筑时期

该时期学习苏联"建筑体系"概念，研发了适用于装配式建筑的预制构件，推广一系列新工艺，建立了预制构件生产基地和专业施工队伍。

20 世纪 50 年代初，我国明确了逐步实现建筑工业化的方向。1956 年，国务院颁布《国务院关于加强和发展建筑工业化的决定》，首次提出"三化"概念，即设计标准化、构件生产工业化、施工机械化，提出了建筑工业化要求，开始了装配式建筑建设探索阶段。

20 世纪 60 年代一些新型的建筑体系如大板建筑、砌块建筑等得到了逐步发展。70 年代多种住宅建筑结构体系研究开发成功，住宅建筑的层数从中国人民共和国成立初期的二、三层提高为五、六层再发展到高层。1984 年，国家颁布实施了《大模板多层住宅结构设计与施工规程》，为大模板多层住宅设计提供了技术指导和规范，形成较成熟的"大板"体系并得以大面积推广应用。以北京市为例：1958—1991 年，北京市累计建成装配式大板住宅 386 万 m²，其中 10 层以上为 90 万 m²，高峰期曾占北京市住宅年竣工量的 10％左右，为北京成片、大规模住宅区的快速开发建设作出了贡献。

但由于受到当时技术和社会环境的制约，装配式混凝土大板住宅存在以下问题：一是户型平面布局和立面造型单一，无法满足老百姓个性需求；二是建筑功能本身存在缺陷，比如墙体保温性差、墙板接缝渗漏等，现浇混凝土结构加外保温体系更具优势；三是现浇住宅机械化施工水平迅速发展，建造工期比装配式大板住宅更快；四是预制构件工厂投资大，加上运输和安装，造成装配式大板建筑成本高于现浇住宅；五是唐山大地震后，业内普遍担忧大板住宅的抗震安全性能。

随着 20 世纪 90 年代现浇混凝土技术迅速发展，施工速度逐步加快，在具有明显价格优势的竞争下，装配式混凝土大板住宅最终被淘汰，装配式建筑发展陷于停滞。

2. 新型装配式建筑时期

新型装配式建筑时期可细分为研发试点阶段（2007—2009 年）、稳步推进阶段（2010—2016 年）、规模化发展阶段（2017—2020 年）及绿色、高质量发展阶段（2021 年起）等四个阶段。

（1）研发试点阶段（2007—2009 年）

本阶段主要特征：通过技术论证选择适宜的技术体系，解决住宅产业化技术从无到有的问题。

2007 年，北京万科、北京市建筑设计研究院、榆树庄构件厂、上海七建在学习借鉴日本先进经验技术，建设两层装配式剪力墙试验楼等前期准备工作的基础上，开启了中粮万科假日风景 B3、B4 号楼的设计建造历程。该项目于 2009 年竣工，被授予"北京市住宅产业化试点工程"称号。由于本阶段标准、规范都不完善，最终确定"等同现浇"的技术路线，满足建筑结构安全的要求，使得重新起步的装配式建筑找到了与现行标准、规范的接口，对后续阶段的体系优化、标准完善、技术创新和装配式建筑的规模化推广具有重要意义，有力促进了住宅产业化在停滞多年后的再次崛起。

（2）稳步推进阶段（2010—2016 年）

本阶段主要特征：采取积极稳妥的发展方式，以保障性住房为代表试点推广，并推行装配式装修；技术不断取得新突破，大量高预制率装配式住宅的建设和结构装饰保温一体化外墙板技术的广泛应用，在规模和建设水平上均处于国内领先地位；管理体系和机制日趋完善，结构部品认证目录管理、套筒灌浆专业化管理、设计生产信息化管理等政策和手段，对于保证装配式建筑工程质量和部品供应起到了关键作用。

2010 年起北京市相继出台了一系列地方标准，形成了较为完善的建筑设计、结构设计、构件生产、施工和质量验收的全过程"装配整体式剪力墙结构体系"，推动了北京市住宅产业化政策文件和标准体系的建立。

2014 年起北京市保障性住房建设投资中心相继规划建设了马驹桥、温泉 C03 地块、郭公庄一期、台湖、百子湾等装配式公租房项目，不仅规模大、标准化程度高，同时研发推广装配式装修技术，将北京市的装配式剪力墙住宅推向规模化应用新阶段。

从全国范围来看，2016 年，国务院相继出台《中国中央 国务院关于进一步加强城市规划建设管理工作的若干意见》《国务院办公厅关于大力发展装配式建筑的指导意见》等重要文件，提出"大力推广装配式建筑"，"加大政策支持力度，力争用 10 年左右时间，使装配式建筑占新建建筑的比例达到 30％"，明确了装配式建筑的发展目标。随后，住房城乡建设部和各地方政府推出系列支持、引导文件，发展装配式建筑业上升为国家战略而得以贯彻落实。至此，装配式建筑成为建筑业转型升级的重要抓手，发展装配式建筑势在必行。

（3）规模化发展阶段（2017—2020 年）

本阶段主要特征：装配式混凝土建筑技术体系成熟，产业链已经形成，制度建设完整，装配式建筑实现了从保障性住房向商品房、公共建筑、工业建筑领域全面推广，并向以装配式钢结构为代表的多种结构体系、多种连接方式和多元化的建筑类型发展并不断完善。

2017 年，北京市发布一系列政策，明确到 2020 年北京市装配式建筑发展的目标、实施范围、实施标准和重点工作，为装配式建筑大规模建设和发展指明了方向和实现路径，标志着北京市装配式建筑进入了全面发展的新阶段。此后，相继出台关于预算消耗定额、专家委员会、工程总承包招投标、设计管理、质量管控等一系列管理办法，促进了国家政策在北京市的实施落地。

2020 年 9 月，住房城乡建设部联合 9 部委发布《住房和城乡建设部等部门关于加快新型建筑工业化发展的若干意见》（建标规〔2020〕8 号），提出"以新型建筑工业化带动建筑业全面转型升级，打造具有国际竞争力的'中国建造'品牌"。

基于政策大力支持，2017—2020 年，全国装配式建筑无论从市场规模到产业化基地数量都有了长足的进步，据住房城乡建设部科技与产业化发展中心统计，2019 年年底全国新开工装配式建筑 4.2 亿 m^2，较 2018 年增长 45％，占新建建筑面积的比例约为 13.4％。2019 年全国新开工装配式建筑面积较 2018 年增长 45％，2016—2019 年年均增长率为 55％。

截至 2020 年年底，部分省市装配式建筑产业规模见表 1-1。

表 1-1 装配式建筑产业规模

地区	产业规模
上海市	新开工面积 3444 万 m^2，占新建建筑比例为 86.4％
深圳市	在建面积 2400 万 m^2，新开工装配式建筑占新建建筑比例为 30％
江苏省	新开工面积 4666.9 万 m^2，占新建建筑比例为 28％
北京市	新开工面积 1413 万 m^2，占新建建筑比例为 26.9％
湖南省	新开工面积 1856 万 m^2，占新建建筑比例为 26％
浙江省	新开工面积 7895 万 m^2，占新建建筑比例为 25.1％

地 区	产业规模
安徽省	累计完成装配式建筑面积 6000 万 m²,占新建建筑比例为 13%
四川省	新开工面积 4100 万 m²
山东省	新开工面积 2192.64 万 m²
广东省	新开工面积超过 2000 万 m²
陕西省	新开工面积 1091.55 万 m²
河北省	新开工面积 842 万 m²
福建省	新开工面积 626.45 万 m²
湖北省	新开工面积 600 万 m²
山西省	新开工面积 559.85 万 m²,占新建建筑比例为 13.56%
河南省	新开工面积超 500 万 m²
海南省	新开工面积 450 万 m²
广西壮族自治区	新开工面积 426.19 万 m²

截至 2020 年年底,部分省市装配式建筑发展产业规模见表 1-2。

表 1-2 国家及省级装配式建筑产业化基地情况

序号	级别	产业基地数（个）	文件依据
1	国家	316	《住房和城乡建设部办公厅关于认定第一批装配式建筑示范城市和产业基地的函》《住房和城乡建设部办公厅关于认定第二批装配式建筑范例城市和产业基地的通知》
2	广东	83	《广东省住房和城乡建设厅关于印发〈装配式建筑产业基地管理暂行办法〉的通知》
3	湖南	55	《湖南省装配式建筑产业基地管理办法》
4	山东	51	《山东省装配式建筑产业基地管理办法》
5	江苏	43	《江苏省建筑产业现代化示范工作管理办法》
6	四川	35	《四川省装配式建筑产业基地管理办法》
7	深圳	29	《深圳市装配式建筑产业基地管理办法》
8	河南	28	《河南省装配式建筑产业基地管理办法》
9	浙江	27	《浙江省建筑工业化示范城市、企业、基地和项目认定办法（试行）》
10	重庆	22	《重庆市装配式建筑产业基地管理办法》
11	山西	21	《山西省装配式建筑产业基地管理办法》
12	安徽	20	《安徽省装配式建筑产业基地管理办法》
13	河北	19	《河北省装配式建筑产业基地管理办法》
14	贵州	17	《关于申报 2020 年贵州省装配式建筑产业基地、示范项目的通知》
15	上海	12	《上海市住房和城乡建设管理委员会关于开展上海市装配式建筑产业基地示范工作的通知》

（4）绿色、高质量发展阶段（2021年起）

本阶段主要特征：在建筑领域深入贯彻"创新、协调、绿色、开放、共享"发展理念，以装配式建筑为载体，强调与其他建筑技术有机融合，凸显"以人为本"，全方位提升住房质量和性能，为消费者提供高品质居住环境，不断满足人民群众对美好生活的向往。

2020年7月3日，住房城乡建设部等13部门发布《住房和城乡建设部等部门关于推动智能建造与建筑工业化协同发展的指导意见》（建市〔2020〕60号），围绕建筑业高质量发展总体目标，以大力发展建筑工业化为载体，以数字化、智能化升级为动力，创新突破相关核心技术，加大智能建造在工程建设各环节的应用，形成涵盖科研、设计、生产加工、施工装配、运营等全产业链融合一体的智能建造产业体系，提升工程质量安全、效益和品质，实现建筑业转型升级和持续健康发展。

2020年8月28日，住房城乡建设部等9部门印发《住房和城乡建设部等部门关于加快新型建筑工业化发展的若干意见》（建标规〔2020〕8号），提出新型建筑工业化是通过新一代信息技术驱动，以工程全寿命期系统化集成设计、精益化生产施工为主要手段，整合工程全产业链、价值链和创新链，实现工程建设高效益、高质量、低消耗、低排放的建筑工业化；提出规划设计、部品部件生产、施工、信息化、组织管理、科技支撑、人才培养、项目评价、政策扶持等各方面意见，以新型建筑工业化带动建筑业全面转型升级，打造具有国际竞争力的"中国建造"品牌，推动城乡建设绿色发展和高质量发展。

以北京市为例，近年来对于新建住宅建筑质量和品质的要求逐年严格，作为首都，充分发挥首善之区的带头作用，在推进城市建设过程中，大力推广装配式建筑、绿色建筑、超低能耗建筑等新技术应用，从大规模粗放型建设转向提倡高质量发展的政策力度逐渐增强。随着北京各项建筑技术和整体产业链的逐渐成熟，住房建设正在迈入绿色、更高标准、更高要求的阶段。通过综合运用房地产调控政策工具，首创在土地竞买阶段增设高标准商品住宅建设方案投报程序。多数方案中"绿建三星＋装配式（高装配率）＋超低能耗"成为标配，大力推广装配式装修，提倡其他宜居技术、BIM信息化技术、超低能耗和健康建筑技术的应用，为消费者提供安全耐久、健康舒适、生活便利、环境宜居的高品质住宅，实现建造全生命周期的绿色低碳、节能减排、提质增效目标。

1.3 技术体系及标准规范

1.3.1 技术体系

装配式混凝土结构是指全部或大部分用预制混凝土（Precast Concrete，PC）制成的工程结构，预制混凝土与现浇混凝土通过可靠连接装配而成。由于混凝土结构体系在我国的建筑市场中长期以来占据重要地位，近年来，随着装配式建筑的兴起，装配式混凝土结构技术发展也极为迅速，应用量不断加大，不同形式、不同结构特点的装配式混凝土结构建筑不断涌现，在北京、上海、深圳、武汉、南京、济南等诸多大城市中均有较大规模应用。

装配式混凝土结构体系根据承重构件划分为框架结构、剪力墙结构和框架-剪力墙结构三种类别。由于受到规范和技术成熟度的约束，剪力墙结构在国内住宅中应用最多。

剪力墙结构还可以分为装配整体式剪力墙结构体系、叠合剪力墙结构体系、多层剪力墙结构体系。其中：装配整体式剪力墙结构体系适用的房屋高度较高，在国内，高层装配式住宅为首选；叠合剪力墙结构体系目前主要应用于多层建筑或者低烈度区高度不大的高层建筑中；多层剪力墙结构体系目前应用较少，但基于其高效、简便的特点，在新型城镇化的推进过程中前景广阔。

目前，国内装配式住宅主要建造于大中城市，装配式剪力墙结构体系的应用占比远高于其他体系。其技术特点如下：装配整体式剪力墙结构以预制混凝土剪力墙墙板构件（以下简称预制墙板）和现混凝土剪力墙作为结构的竖向承重和水平抗侧力构件，通过整体式连接而成。其中包括同层预制墙板间及预制墙板与现浇剪力墙的整体连接——采用竖向现浇段将预制墙板及现浇剪力墙连接成为整体；楼层间的预制墙板的整体连接——通过预制墙板底部接合面灌浆及顶部的水平现浇带和圈梁，将相邻楼层的预制墙板连接成为整体；预制墙板与水平楼盖之间的整体连接——水平现浇带和圈梁。

装配式混凝土结构的优点如下：1）主要受力构件如内外墙板、楼板等在工厂生产，并在现场组装而成。预制构件之间通过现浇节点连接在一起，有效地保证了建筑物的整体性和抗震性能。2）装配式混凝土结构可大大提高结构尺寸的精度和住宅的整体质量。3）减少模板和脚手架作业，提高施工安全性。4）外墙保温材料和结构材料（钢筋混凝土）复合一体工厂化生产，节能保温效果明显，保温系统的耐久性得到极大的提高。

目前，国内的装配式混凝土结构体系研发与应用企业包括万科企业股份有限公司、中国建筑集团有限公司、碧桂园控股有限公司、三一筑工科技有限公司、宝业集团股份有限公司、北京市燕通建筑构件有限公司等国内知名开发商、施工单位及构件生产商，在装配式住宅建造领域占据技术和市场优势。

1.3.2 标准规范

装配式建筑标准规范是装配式建筑建造技术法律依据，其颁布执行对保证装配式建筑设计、施工质量，提升用户对装配式建筑质量的认可度，促进、推动装配式建筑的发展起到了不可或缺的作用。国家、行业、地方及团体标准构成了完整的标准规范技术体系，突出了装配式建筑的完整产业链特点，解决了制约装配式建造方式创新发展的基本问题。

2014年，国内第一部专注于装配式建筑技术的标准规范《装配式混凝土结构技术规程》（JGJ 1—2014）颁布实施以来，装配式建筑标准规范体系逐步完善，2015年出版了相关国家标准设计图集。现行装配式建筑标准规范与图集见表1-3。

表 1-3 现行装配式建筑标准规范与图集

类型	标准规范、图集名称
国家标准	《装配式混凝土建筑技术标准》（GB/T 51231—2016）
	《装配式钢结构建筑技术标准》（GB/T 51232—2016）
	《装配式木结构建筑技术标准》（GB/T 51233—2016）
	《装配式建筑评价标准》（GB/T 51129—2017）
行业标准	《低层冷弯薄壁型钢房屋建筑技术规程》（JGJ 227—2011）
	《装配式混凝土结构技术规程》（JGJ 1—2014）
	《轻钢轻混凝土结构技术规程》（JGJ 383—2016）
	《装配式住宅建筑设计标准》（JGJ/T 398—2017）
	《冷弯薄壁型钢多层住宅技术标准》（JGJ/T 421—2018）
	《工业化住宅尺寸协调标准》（JGJ/T 445—2018）
	《预制混凝土外挂墙板应用技术标准》（JGJ/T 458—2018）
	《装配式整体卫生间应用技术标准》（JGJ/T 467—2018）
	《装配式整体厨房应用技术标准》（JGJ/T 477—2018）
	《轻型模块化钢结构组合房屋技术标准》（JGJ/T 466—2019）
	《钢骨架轻型预制板应用技术标准》（JGJ/T 457—2019）
	《建筑金属围护系统工程技术标准》（JGJ/T 473—2019）
	《装配式住宅建筑检测技术标准》（JGJ/T 485—2019）
	《工厂预制混凝土构件质量管理标准》（JG/T 565—2018）
	《住宅厨房和卫生间排烟（气）道制品》（JG/T 194—2018）
	《卫生间隔断构件》（JG/T 545—2018）
	《厨卫装配式墙板技术要求》（JG/T 533—2018）
	《预制混凝土楼梯》（JG/T 562—2018）
	《预制保温墙体用纤维增强塑料连接件》（JG/T 561—2019）
	《钢筋连接用灌浆套筒》（JG/T 398—2019）
	《装配式铝合金低层房屋及移动屋》（JG/T 570—2019）
国标图集	《〈装配式住宅建筑设计标准〉图示》（18J820）
	《装配式混凝土剪力墙结构住宅施工工艺图解》（16G906）
	《住宅内装工业化设计——整体收纳》（17J509-1）
	《预制混凝土剪力墙外墙板》（15G365-1）
	《预制混凝土剪力墙内墙板》（15G365-2）
	《桁架钢筋混凝土叠合板（60mm 厚底板）》（15G366-1）
	《预制钢筋混凝土板式楼梯》（15G367-1）
	《预制钢筋混凝土阳台板、空调板及女儿墙》（15G368-1）
	《装配式混凝土结构住宅建筑设计示例（剪力墙结构）》（15J939-1）
	《装配式混凝土结构表示方法及示例（剪力墙结构）》（15G107-1）
	《装配式混凝土结构连接节点构造（楼盖结构和楼梯）》（15G310-1）
	《装配式混凝土结构连接节点构造（剪力墙结构）》（15G310-2）

1.4 发展趋势

1.4.1 推行工程总承包（EPC）模式

装配式建筑采用工程总承包（EPC）模式是时代发展的必然要求，《国务院办公厅关于大力发展装配式建筑的指导意见》指出"装配式建筑原则上采用工程总承包"模式，其优势在于：

（1）它可以有效地消解装配式建筑的增量成本。总承包企业作为统筹者和主导者，能够全局性地配置资源、高效率地使用资源，通过管理充分发挥全产业链的优势，统筹各方，减少工作界面，避免浪费，实现项目层面上的动态、定量管理，显著降低建造成本和综合成本，使资源优化、整体效益最大化。

（2）它是推动装配式建筑平稳发展的需要。它可以促进工程建设的全过程联结为完整的一体化的产业链，形成设计、生产、施工与管理一体化，保证装配式建筑平稳健康发展。

（3）它是建筑业转型升级的需要。从市场角度看，必须提高企业总承包能力，提高建筑企业入门"门槛"，促进建筑市场资源整合。从市场氛围的角度看，它有利于实现专业化分工合作，提升装配式建筑市场活跃度。

1.4.2 打造一体化建造与管理方式

全产业链的一体化建造与管理可以发挥装配式建筑建造的优势，打破传统建筑设计与部品生产、施工互相割裂的现状。

设计建造一体化不仅体现在建筑、结构、机电设备、室内装修一体化设计协同方面，还要与构件生产单位、施工单位、部品生产单位等做好协同设计、深化设计及标准化设计，做到系统化集成设计。各建筑单元、构配件等具有通用性和互换性，满足少规格、多组合的原则，提高构件标准化程度和构件生产效率，降低装配式建筑生产和施工成本，最终提高装配式建筑市场竞争力。

管理一体化是指装配式建筑将实现技术、管理与市场的一体化，以市场为导向，推动技术管理、政府监管体系和机制的建立与完善，全面发挥装配式建筑一体化建造优势，从而赢得市场的认可。

1.4.3 实现基于BIM技术的"两化"融合

《建筑信息模型设计交付标准》（GB/T 51301—2018）等国家标准已相继颁布实施，BIM技术已广泛应用，装配式建筑全过程管理信息化水平大幅度提高。

设计、加工、施工各个环节数据交流不再割裂而变得有机融合、互惠互通，设计、生产、装配全过程信息集成和共享，项目成本、进度、合同、物料等各业务功能模块统一平台管理。

物联网、人工智能（AI）和机器人自动化技术更多地被采用，智慧工地、智慧工厂从试点示范推广至全国各地，加速建筑行业"工业化、信息化"融合的进程。

1.4.4 培育产业工人队伍

2017年，中共中央、国务院印发了《新时期产业工人队伍建设改革方案》，明确提出要把产业工人队伍建设作为实施科教兴国战略、人才强国战略、创新驱动发展战略的重要支撑和基础保障，纳入国家和地方经济社会发展规划。

2019年，《住房和城乡建设部、人力资源社会保障部关于印发建筑工人实名制管理办法（试行）的通知》（建市〔2019〕18号）于3月1日正式实施。通过建筑工人管理服务信息平台系统，在全国范围内实现实时数据共享，推进建筑工人向产业工人转变的进程。该办法明确，建筑企业不得聘用未登记的建筑工人，自2020年1月1日起，未在全国建筑工人管理服务信息平台上登记，且未经过基本职业技能培训的建筑务工人员不得进入施工现场，建筑企业不得聘用其从事与建筑作业相关的活动。

建筑工人不再只是只能进行简单的现场砌筑、抹灰、钢筋绑扎等的农民工，而是真正拥有装配式建筑基础理论和实际操作技术，需要进行专业培训和实操，经考核合格后，才能上岗的产业工人，从而实现传统农民工到产业工人的转变。

2 施工组织及管理策划

在编制装配式混凝土结构建筑施工组织设计大纲前，编制人员应仔细阅读《建筑施工组织设计规范》（GB/T 50502—2009）、《建筑工程施工组织设计管理规程》（DB11/T 363—2016）及相关资料，正确理解设计图纸和设计说明等相关内容，充分结合构件加工制作和施工现场条件及周边环境因素做好整体筹划，制定总体目标。编制施工组织设计大纲时应重点围绕整个工程的规划和施工总体目标进行编制，并充分考虑装配式结构特点及其与各工种、各专业、与现浇结构的转换及预制构件的生产、运输、吊装等相关内容。

2.1 施工组织设计主要内容

在编制装配式混凝土结构建筑施工组织设计大纲时除应符合现行国家标准的规定外，至少还应该包括以下几个方面内容。

1. 工程概况

工程概况中除了应包含项目建设基本信息、建筑、结构基本概况等内容外，还应详细说明本项目采用的装配式结构体系、预制率、预制构件种类、数量、质量、分布情况及装配式施工的重点、难点。

2. 施工部署

施工部署除应包括项目管理目标、部署原则、项目组织机构及装配式施工管理体系、施工任务划分、施工顺序、施工流水段及时间、空间组织协调部署外，还应对构件加工图深化设计进行部署安排、劳动力资源及吊装安装的机械工器具的配备进行部署安排。

装配式建筑施工组织管理体系应在保留现浇混凝土项目组织管理体系特征的同时，将其组织管理体系范围扩充，把前期组织、构件厂生产运输组织、施工现场实施组织全部纳入一个整体的组织管理体系。

构件加工图深化设计部署，应对预制构件各类预留预埋工程实体使用功能类的预留、预埋；构件加工、吊装、运输、安装环节施工安全类的预留、预埋；施工中测量放线、提高质量、成品保护等质量控制类的预留、预埋组织策划和深化设计，直接对后续构件的生产、安装施工的质量安全造成影响。

劳动力资源及吊装安装的机械工器具的配备部署应包括塔式起重机的选型及布置、构件的存放场地选择、吊具选择、安装定位、加固支架等工具的技术参数要求。劳动力资源配备中，对专业灌浆劳务人员的配置和管理是整个装配式施工质量管理的重点和关键。

3. 装配式混凝土结构建筑施工工艺

装配式混凝土结构建筑施工工艺应包含整体式剪力墙墙体之间、墙体与叠合板之间、预制构件与现浇混凝土之间穿插的整体施工工艺；预制构件的施工安装顺序；灌浆施工工艺流程；转换层施工控制；模板的选型；支撑体系的选型；吊装方案等。

装配式混凝土建筑施工的总体施工工艺流程如图 2-1 所示。

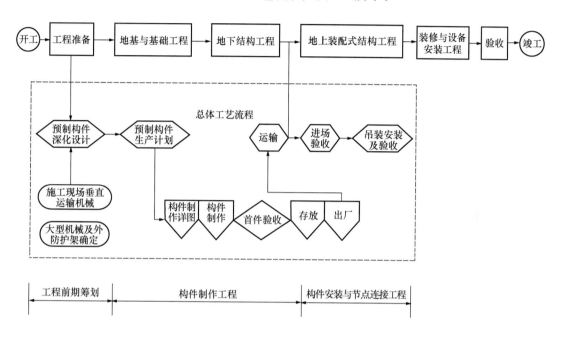

图 2-1　装配式混凝土建筑施工的总体施工工艺流程

4. 装配式混凝土结构建筑施工总体工期筹划

装配式混凝土结构建筑施工总体工期筹划，必须充分考虑工程施工前的整体规划、前期配合、施工装备、构件生产加工、构件运输等相关重要因素。施工单位、设计人员、构件供应单位三者之间应紧密配合，相互协调、确认，以使装配结构部分施工更顺畅，从而在整体工期上发挥优势。装配式结构标准层（段）安装施工工艺如图 2-2 所示。

除此之外，装配式混凝土结构构件安装施工工期也应严格地进行统筹计划，并应基于标准层施工工序进行工期排布和资源协调配备。标准层施工中应包括构件吊装、支撑安装、节点钢筋及模板安装、套筒灌浆、提升外防护架、水电穿插、混凝土浇筑等施工工序所需的时间。由于要熟悉施工工艺，同时人、材、机、料之间要相互磨合匹配，所以，转换层施工相对较慢，一般在 15d 左右，到标准层施工时（500m² 以内），一般可设定为 6～7d，但通过增加施工机具、材料设备和劳动力以及合理组织，也可以用更短时间完成，但要充分考虑其经济性和安全性。进入标准层施工后各楼层施工工期基本确定，所以要尽量做到劳动力和材料设备资源合理匹配，以提高施工效率、降低施工成本、加快施工工期。

转换层到标准层工期对比如图 2-3 所示。

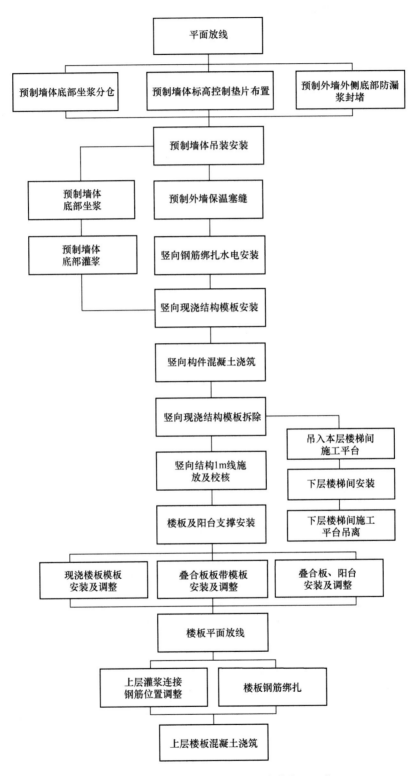

图 2-2 装配式结构标准层（段）安装施工工艺

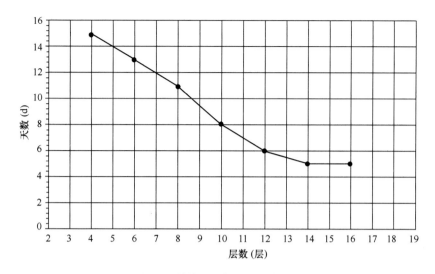

图 2-3 转换层到标准层工期对比

装配式结构标准层（段）安装施工工期如图 2-4 所示。

5. 施工现场的平面布置

除传统的生活办公设施、加工场区，仓库堆场及场内循环道路外，还应根据工程预制构件的设计种类、数量、楼座等充分结合运输吊装条件，合理布置预制构件专用的堆放场地和运输通道，堆放场地布置应结合构件质量和种类，考虑施工便利、现场垂直运输设备吊运半径和场地承载力等条件。运输通道布置应考虑满足构件运输车辆通行的承载力及转弯半径等要求。

6. 预制构件供应与现场存放计划

预制构件供应计划应根据工程整体施工计划并结合构件厂综合生产能力、生产规模、生产模具的种类、数量、堆放等相关因素统筹安排，最终应以满足单体施工楼层生产计划与施工现场吊装计划匹配为基本需求，同时能根据施工现场实际计划结合预制构件的生产和运输计划而进行动态调整。

预制构件进场验收合格，不卸车直接吊装上楼为最佳理想状态，但考虑到周边环境、天气条件、运输距离、交通管理等综合因素，往往无法实现构件直接上楼。因而，施工现场就必须考虑堆放、存储问题。因此，应按预制构件的使用计划编制构件进场存放计划，既要保证现场存货满足施工需要，又要确保现场备货数量在合理范围之内，以防存货过多占用堆场。根据经验，一般要求提前 1~2 月将构件需求计划告知构件厂，并提前 2~3d 准备一层构件运输至现场。

7. 垂直运输及吊装工器具的选择

塔式起重机是装配式结构施工项目主体结构施工阶段最重要的施工装备，塔式起重机配备与布置能否做到科学合理、经济实用，事关施工安全、效率与投入等方面，因此，装配式项目在工程开始施工前，应结合装配式结构单件构件最大质量、构件存放与吊装最远距离、吊装高度及吊装频次合理选择相应型号的塔式起重机并加以科学布置。

装配式标准层施工进度计划（三段流水）

楼栋	施工层	第一天 上午	第一天 下午	第一天 晚上	第二天 上午	第二天 下午	第二天 晚上	第三天 上午	第三天 下午	第三天 晚上	第四天 上午	第四天 下午	第四天 晚上	第五天 上午	第五天 下午	第五天 晚上	第六天 上午	第六天 下午	第六天 晚上
第M栋	第N-1层	阳台、叠合楼板吊装	阳台、叠合楼板位置调整、水电预埋		叠合板钢筋绑扎	上层竖向构件连接钢筋位置调整	混凝土浇筑												
	第N层	套筒灌浆	灌浆养护	灌浆养护35MPa、前室现浇部分施工	提升爬架、现浇节点、模板施工	墙体吊装	墙体校正、外墙保温、塞缝、竖向钢筋绑扎、水电安装	楼梯安装、楼板及阳台支撑体系施工；测量放线、提升爬架	阳台、叠合楼板吊装	阳台、叠合楼板位置调整、水电预埋	叠合板钢筋绑扎	上层竖向构件连接钢筋位置调整	混凝土浇筑						
	第N+1层							套筒灌浆	灌浆养护	灌浆养护35MPa、前室现浇部分施工	提升爬架、现浇节点、模板施工	墙体吊装	墙体校正、外墙保温、塞缝、竖向钢筋绑扎、水电安装	楼梯安装、楼板及阳台支撑体系施工；测量放线、提升爬架	阳台、叠合楼板吊装	阳台、叠合楼板位置调整、水电预埋	叠合板钢筋绑扎	上层竖向构件连接钢筋位置调整	混凝土浇筑

图 2-4 装配式结构标准层（段）安装施工工期

另外，除常规塔式起重机附着措施外，尚应对非标准附着件进行策划，按规定进行深化设计与加工制作，最大限度地满足装配式结构对起重机械的要求。塔式起重机选择要符合现行《塔式起重机安全规程》（GB 5144）要求。吊装时必须使用专用的吊装工器具，且必须经过专业设计计算，明确相应的参数及使用检查周期。

8. 质量管理计划

首先应当明确质量管理目标，围绕质量目标编制质量管理规划及主要管理措施，特别是预制构件的吊装施工精度控制、防水及构造节点施工要求和具体措施，以及构件的进场及安装质量验收等重点管理内容。

装配式施工质量管理人员必须经过专项的装配式混凝土结构建筑施工培训，具备相应的质量管理资质。

装配式建筑施工质量管理必须贯穿构件生产、构件运输、构件进场、预制构件码放、构件安装等全过程。

9. 安全文明施工管理计划

在安全文明施工管理计划中，应当明确其管理目标，围绕安全文明施工管理目标编制管理规划及主要管理措施，如人员、设备、工艺，特别是预制构件的运输安全、吊装过程安全要求、安全防护体系、支撑体系，施工中人员、工具、吊具、锁具及吊装作业人员的培训交底等重点管理内容。

10. 文明及绿色施工管理计划

装配式建筑施工最大特色即为绿色施工及利于保护环境，因此必须编制绿色施工与环境保护计划，计划中除常规的绿色施工项目外，还必须体现装配式施工的特色和优势，特别是对预制率和预制构件分布部位的合理选择、施工现场装配式集装箱临时设施、预制块状道路铺设、装配式构件围墙等措施达到绿色施工的要求等。

2.2　装配式专项方案论证要求

随着装配式建筑井喷式发展，目前装配式建筑各地发展水平也不尽相同。在发展较快、质量较好的地区，一般在施工前必须进行装配式专项方案专家论证评审。通常论证时，重点审查施工组织设计中技术方案的可靠性、安全性、可行性，包括技术措施、质量安全保证措施、验收标准、工期合理性等内容，并形成专家意见。施工组织设计发生重大变更的，应按照规定重新组织专家评审。

一般情况下，施工组织设计论证评审专家组应当由结构设计、施工、预制混凝土构件生产（混凝土制品）、机电安装、装饰装修等领域的专家组成，成员人数应不少于5人，且为单数。其中必须保证结构设计、施工、预制混凝土构件生产（混凝土制品）专业的专家各不少于1名。建设、施工、设计、施工、监理及预制混凝土构件生产等相关单位应当参加。

2.3 施工管理

施工管理应根据施工组织设计中明确的管理计划和管理内容进行管理，施工管理内容包括质量管理、进度管理、安全文明施工管理、成本管理、环境保护及绿色施工等相关内容。此处的施工管理除施工现场的管理外，还应包括预制构件深化、排产、生产加工、运输等整个工程施工的全过程管理和相互衔接配合。

2.3.1 质量管理

装配式混凝土结构建筑的质量要求由传统的粗放式向精细化转型，相应的质量要求由传统的厘米级的要求提升至毫米级的要求，对施工管理人员、施工设备、施工工艺等均提出了较高的要求。

质量管理必须涵盖构件加工图深化、构件生产、构件运输、构件进场、预制构件码放、构件吊装就位、节点施工等一系列过程，质量管控人员的监管及纠正措施必须贯穿始终。

预制构件深化必须明确标明埋件、预留洞、预留盒、吊钉等的位置、开口方向及与钢筋之间的避让和局部加强、出筋和套筒位置、现浇节点连接处退台尺寸等相关内容。

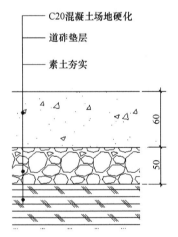

图 2-5 构件堆场场地硬化示例

在构件加工过程中，建设单位应委派监理工程师到厂进行驻厂监造，施工单位也应派相应的专业技术人员到厂进行质量监督和把控，特别是对与安装精度息息相关的埋件、预留洞、预留盒、出筋位置、平面尺寸等严格按照设计图纸及规范要求进行验收。

预制构件运输应采用专用运输车辆，并做好运输过程中的构件成品保护措施，确保构件在运输过程中不受损。

构件进场后，必须对埋件、预留洞口、预留盒、出筋、灌浆套筒等的数量、位置、外观、平面尺寸等进行逐一验收。

预制构件码放必须严格按照要求的高度堆置，地面应硬化（图 2-5），硬化标准应按照所堆置构件的种类、质量确认，确保具有足够的承载力，对外墙板，应使用专用堆置架（图 2-6、图 2-7），并对边角、外饰材、防水胶条等加强保护。

竖向受力构件的连接质量是与预制建筑结构安全密切相关的质量管控要点，目前竖向受力构件之间主要采用灌浆连接技术，灌浆的质量直接影响整个结构的安全性，因此必须作为重点监控点。灌浆应对浆料的物理化学性能、浆液流动性、灌浆饱满性、28d 强度、灌浆接头同条件试样等进行检测，同时应对灌浆过程进行全程旁站式质量管控，确保灌浆质量满足要求。

图 2-6 竖向构件专用码放架

图 2-7 水平构件专用码放架

精细化的质量管理对人员素质、施工机械、施工工艺要求极高，因此施工过程中必须由专业的质量管控人员全程监控，施工操作人员必须为专业化作业人员，施工机械必须满足装配式建筑施工精度要求并具备施工便利性，施工工艺必须先进。

2.3.2 进度管理

装配式建筑进度管理应采用日进度管理，将项目整体施工进度计划分解至日施工计划，以满足装配式建筑施工精细化进度管理的要求。

构件之间装配及预制和现浇之间界面的协调施工直接关系到整体进度，因此必须做好构件安装次序、界面协调、工序交叉等计划。

由于装配式建筑的特点，其对垂直运输设备的依赖性非常大，因此必须编制垂直运输设备使用计划，计划编制时应将构件吊装作业作为最关键作业内容，根据施工条件、吊装能力精确至日、小时、分钟，最终由每日垂直运输设备使用计划指导作业。

起重吊装作业贯穿在装配式混凝土结构建筑施工项目的主体结构施工全过程，作为重大危险源，必须进行重点管控，结合装配式混凝土结构建筑施工特色引进旁站式安全管理、新型工具式安全防护系统等先进安全管理措施。

由于装配式混凝土结构建筑所用构件种类繁多，形状各异，质量差异也较大，因此对一些质量较大的、异型构件应采用专用平衡吊具，如图 2-8、图 2-9 所示。

由于起重作业受风力影响较大，现场应根据作业层高度设置不同高度范围内的风力传感设备，并制定各种不同构件吊装作业的风力受限范围。

在施工中应结合装配式建筑特色，

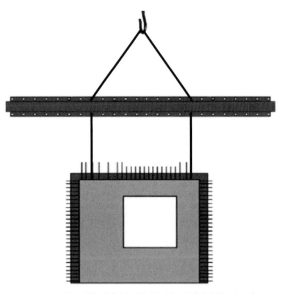

图 2-8 大型外墙板起吊所用的平衡梁吊具示例

图 2-9 大型预制楼板起吊所用的吊架示例

合理布置现场堆场、便道，使用新型模板、新型支撑体系等，提高施工现场整体文明施工水平。

2.3.3 施工现场成本管理

现阶段，制约装配式建筑快速发展的重要原因之一就是建造阶段的增量成本偏高。装配式混凝土建筑与传统现浇混凝土建筑工程的主要差异体现在安装工程费上。

施工现场安装成本主要包括预制构件产品成本，机械费、预制构件吊装费用增加成本，现场堆场及便道增加成本，防水构造工序增加成本，安全防护增加成本等。此阶段成本控制应在深化设计阶段即对构件的分割、单块构件质量、最大构件单体质量的数据进行优化，尽可能降低垂直运输设备、堆场及便道、周转材料投入的标准，降低此部分施工成本。

2.3.4 环境保护管理

结合装配式建筑特色，减少现场湿作业内容，减少大量垃圾，同时通过预制装配的实施，大大减小施工噪声、粉尘等污染，降低施工过程对周边环境的污染。

2.3.5 绿色施工管理

绿色施工管理针对装配式建筑主要体现在现场湿作业减少、模板等周转材料使用大幅下降，大大减少了施工现场用水量，通过对预制率和预制构件分布部位的合理选择、施工现场装配式集装箱临时设施、预制块状道路铺设、装配式构件围墙等措施达到绿色施工的要求。

3 构件加工图设计

3.1 一般要求

装配式混凝土结构是以预制构件为主要受力构件经装配连接而成的混凝土结构，与现浇施工工法相比，装配式结构有利于绿色施工，更能符合节地、节能、节材、节水和环境保护等要求，降低对环境的负面影响，包括降低噪声，防止扬尘，减少环境污染，清洁运输，减少场地干扰，节约水、电、材料等资源和能源，遵循可持续发展的原则。装配式混凝土结构主要分为装配整体式结构、装配整体式框架结构、装配整体式框架-现浇剪力墙结构、多层干式连接结构等。本章主要介绍装配整体式剪力墙结构建筑的预制构件加工图设计内容和方法。

3.2 适用范围

目前，装配式剪力墙结构设计一般遵循"等同现浇"的设计理念，采用预制构件通过现浇节点和灌浆套筒为结构连接的主要方式，使装配整体式混凝土结构具有与现浇混凝土结构同等的整体性、稳定性和延性。

依据现行行业标准《装配式混凝土结构技术规程》（JGJ 1）和国家标准《装配式混凝土建筑技术标准》（GB/T 51231）的相关规定，装配式剪力墙结构的最大适用高度、最大高宽比和抗震等级应满足表3-1～表3-3要求。

表 3-1　装配整体式剪力墙结构房屋的最大适用高度　　　　　　　　　　m

结构类型	非抗震设计	抗震设防烈度			
		6 度	7 度	8 度 (0.2g)	8 度 (0.3g)
装配整体式剪力墙结构	140 (130)	130 (120)	110 (100)	90 (80)	70 (60)

表 3-2　高层装配整体式剪力墙结构适用的最大高宽比

结构类型	非抗震设计	抗震设防烈度	
		6 度、7 度	8 度
装配整体式剪力墙结构	6	6	5

表3-3 丙类装配整体式剪力墙结构的抗震等级

结构类型		抗震设防烈度						
		6度		7度			8度		
装配整体式剪力墙结构	高度（m）	≤70	>70	≤24	>24且≤70	>70	≤24	>24且≤70	>70
	剪力墙	四	三	四	三	二	三	二	一

注：1. 当结构中竖向构件全部采用现浇且楼盖采用叠合梁板时，房屋最大适用高度可按现行行业标准《高层建筑混凝土结构技术规程》（JGJ 3）中的规定采用。

2. 装配整体式剪力墙结构，在规定的水平力作用下，当预制剪力墙构件底部承载总剪力大于该层总剪力的50%时，其最大适用高度应适当降低；当预制剪力墙构件底部承载总剪力大于该层总剪力的80%时，最大适用高度应取表中括号内的数值。

3. 装配整体式剪力墙结构竖向钢筋采用浆锚搭接连接时，房屋最大适用高度应比表中的数值降低10m。

4. 装配整体式剪力墙结构应控制高宽比，以提高结构的抗倾覆能力，减小结构底部在侧向力作用下出现拉力的情况，避免墙板水平缝在受剪的同时又受拉。

3.3 设计原则

预制构件设计首先要满足设计规范结构安全性要求，也要符合生产、运输、安装和施工的工艺需求，同时也应考虑构件的工厂和现场堆放、存储等因素。平面布置中需要保证单块构件与相邻构件相互协调、精装预留与施工措施预留相互协调。

1. 应在结构方案和传力途径中确定预制构件的布置和连接方式，并在此基础上进行整体结构分析和构件及连接设计。

2. 预制构件的设计应满足建筑使用功能，并符合标准化设计的要求。

3. 预制构件的连接宜设置在结构受力较小处，且便于施工，结构构件之间的连接构造应满足结构传递内力的要求。

4. 各类预制构件及其连接构造应按从生产、施工到使用过程中可能产生的不利工况进行验算。

5. 非承重构件与主体结构宜采用柔性连接。

6. 预制构件设计时要统筹考虑整个生产和施工过程，优化预制方案，方便施工和生产，降低工程造价。例如L形外墙构件和PCF＋一字形外墙构件预制方案的比选，多块叠合板合并成1块叠合板会增加运输成本但提高了安装和生产效率等。

7. 预制构件设计应减少构件种类，设计时应统一钢筋和预埋件形式，通过不同标准节点组合的方式优化模具数量。预制构件的尺寸要综合考虑运输、安装和构件厂的模台等因素。

8. 预制构件加工详图设计和编号时应考虑模具的改造性和通用性，根据构件加工图和施工进度初步编制模具配置计划，对种类少的构件进行优化，可通过与其他构件共用模具的方式实现成本的降低。

9.预制构件加工详图中的预埋件（包括固定预埋件的模具工装）应进行标准化设计，不同项目相同预埋件编号要一致，方便库存管理。应形成预埋件和工装库，使预埋件可多项目通用，使模具工装可按使用年限而非项目的模式摊销成本。

10.为了便于构件安装，构件加工详图的安装顺序方向要一致，最好是一个朝向，如叠合板和内墙的安装方向都靠西侧等。

3.4 设计工作流程

预制构件生产前应根据审查合格的施工图设计文件进行预制构件加工图专项设计。预制构件加工图设计阶段的工作流程（图 3-1）如下：依据施工图对各专业预留预埋信息进行综合汇总，保证预制构件中设置的各专业功能接口准确、完整，消除碰撞；与施工组织设计和生产方案编制协同工作，完成生产、运输、安装需要的吊装、支撑预留预埋系统设计；在此基础上对构件的连接节点进行深化和优化，完成构件加工详图的设计。

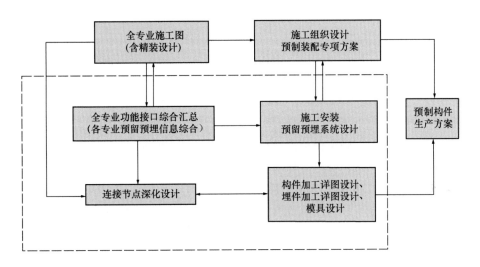

图 3-1 构件加工图设计工作流程图

3.5 设计、生产、施工协同配合

装配式建筑预制构件除具有设计的建筑和结构功能外还需要设置机电、给排水、精装等专业功能的预留接口，同时还要满足生产、运输、施工安装操作的要求。因此，在设计中需要各参与方协调配合才能生产出一体化的综合功能的构件产品。

3.5.1 各专业预留预埋信息综合汇总

根据施工图、机电专业的深化图和精装修图纸，对预留预埋、管线开槽等进行深化设计，形成综合预埋布置图，供构件加工详图设计。其应包含以下内容：

1. 建筑专业预留洞定位和尺寸：空调冷媒管预留洞、空调冷凝水立管预留洞、空调板地漏预留洞、雨水立管预留洞、燃气排烟预留洞、厨房排烟预留洞、烟风道预留洞、燃气立管预留洞等。

2. 建筑专业预埋件规格和定位：窗户栏杆预埋件、空调栏杆和百叶预埋件、门窗安装预埋件等。

3. 机电专业预留预埋：照明线盒和锁管、开关、高位插座、等电位线盒、防雷埋件、烟感器、红外幕帘等。

4. 给排水专业预留预埋：厨房排水立管预留洞、卫生间排水和通气立管预留洞、卫生间地漏、便器、洗手盆非同层排水预留洞、太阳能供回水管预留洞、中水模块预留、给水管预留槽等。

3.5.2 施工安装预留预埋信息设置

在施工组织设计编制阶段，应同预制装配专项方案协同，依据塔式起重机布置方案、施工外架方案、支撑方案、模板方案等完成预留预埋及连接系统深化设计。协同内容如下：

1. 施工外架方案：确定施工外架与预制构件的连接关系，明确预留条件。

2. 塔式起重机选型与布置：根据项目类型，综合考虑安装效率和塔式起重机成本合理选择型号；按照塔式起重机布置方案确定构件最大质量。

3. 塔式起重机附着方案：确定塔式起重机附着位置和预留条件。

4. 现浇段模板方案：确定模板固定形式，在构件上预留施工条件。

5. 外用电梯附着方案：确定电梯附着预留位置和施工条件。

6. 转换层插筋定位和节点：由现浇转换成预制构件的位置称为转换层，此处涉及现浇部分的纵筋与预制构件套筒或预留连接孔的对接，故需要对此纵筋精确定位，插筋图内容应包含预制构件连接处的纵向钢筋的位置和规格；插筋在现浇层中的锚固长度；插筋的外伸长度。

3.6 设计内容和深度

3.6.1 设计说明

1) 工程概况：项目位置、规模、预制构件使用范围、类型。

2) 设计依据：施工图、设计编号引用规范标准。

3) 构件编号规则：编号简单统一。

4) 预制构件技术要求：

（1）材料：混凝土、钢筋、预埋件、吊装埋件、灌浆套筒、灌浆料、内外叶墙板拉结件、保温材料、填充材料、电盒电管等。

（2）加工工艺：模具制作精度、浇筑和养护方式等。

（3）质量控制：检验标准和方法、外观质量、允许偏差。

5）堆放、运输要求：木方垫放位置和方式、运输高度等。

6）临时存放、吊装、支撑、模板、坐浆和灌浆、浆料的技术要求。

7）预埋吊件使用说明：按吊点数量起吊等。

8）施工现场安装要求：预制板缝、支撑的拆卸等。

3.6.2 预埋件详图

预埋件加工详图、预埋件埋置构造详图、预埋吊件选用参数、数量统计、试验方法等。

3.6.3 预制构件布置平面图

1）现浇与预制交接转换层预留钢筋定位图：连接钢筋定位尺寸和型号、现浇节点定位、抗剪连接件平面定位、连接大样。

2）水平构件布置平面图：编号、底板和现浇层厚度、定位尺寸、板缝尺寸、安装方向、预制墙支撑埋件位置。

3）竖向构件布置平面图：编号、定位尺寸、安装方向、现浇节点尺寸、构件质量、重心位置；预制墙斜支撑水平位置。

3.6.4 预制构件加工详图及表格

模板图、配筋图、连接件布置图、构件信息表、钢筋明细表。

3.6.5 预制构件信息汇总表

构件类型、型号、数量、方量等。

3.7 预制构件计算内容

3.7.1 脱模、起吊、运输及安装荷载取值

1）按现行国家标准《混凝土结构设计规范》《混凝土结构工程施工规范》GB 50666—2011 的规定进行验算。

2）短暂设计状况的等效静力荷载标准值可按如下方法确定：

脱模验算时，应取构件自重标准值乘以动力系数后与脱模吸附力之和，且不宜小于构件自重的 1.5 倍；脱模吸附力不宜小于 1.5kN/m²。

翻转、运输、吊装、安装验算时应取构件自重标准值乘以动力系数。

动力系数取值可按表 3-4 确定。

表 3-4 动力系数取值

阶段	动力系数
制作场脱模、吊装	1.2
运输	1.5
安装	1.2

注：当遇有不良道路情况时，可采用较高系数。

3.7.2 预制构件截面验算

1）混凝土构件正截面边缘法向压应力应满足：

$$\delta_{cc} \leqslant 0.8 f_{ck}$$

式中　δ_{cc}——各施工环节在荷载标准组合作用下产生的构件正截面边缘混凝土法向压应力；

f_{ck}——与各施工环节的混凝土立方体抗压强度相应的抗压强度标准值。

2）混凝土构件正截面边缘法向拉应力应满足：

$$\delta_{ct} \leqslant 1.0 f_{tk}$$

式中　δ_{ct}——各施工环节在荷载标准组合作用下产生的构件正截面边缘混凝土法向拉应力；

f_{tk}——与各施工环节的混凝土立方体抗压强度相应的抗拉强度标准值。

3）对施工过程中允许出现裂缝的混凝土构件，开裂截面处钢筋的拉应力应满足：

$$\delta_s \leqslant 0.7 f_{yk}$$

式中　δ_s——各施工环节在荷载标准组合作用下的受拉钢筋应力；

f_{ty}——受拉钢筋强度标准值。

叠合受弯构件：

$$\delta_s = \delta_{s1} + \delta_{s2}$$

式中　δ_{s1}——第一阶段预制板和现浇层自重作用下的受拉钢筋应力；

δ_{s2}——第二阶段面层、吊顶等自重及可变荷载作用下在计算截面产生的受拉钢筋应力。

4）对叠合楼板底板的施工验算，应满足《混凝土结构工程施工规范》（GB 50666—2011）中 4.3 节对模板的相关要求，按施工各阶段标准荷载组合下的短期刚度进行裂缝和挠度验算。

3.7.3 预制构件预埋件吊件

1）构件中的预埋吊件和临时支撑的施工验算宜满足下列要求：

$$K_c S_c \leqslant R_c$$

式中　K_c——施工安全系数，按表 3-5 取值（当有可靠经验时，可根据实际情况适当增减；对复杂或特殊情况，宜通过试验确定）；

S_c——施工阶段荷载标准组合作用下的效应值,可按《混凝土结构工程施工规范》（GB 50666—2011）中附录 A 的规定取值,并满足《混凝土结构工程施工规范》（GB 50010）中 9.2.3 的要求。

R_c——根据国家现行相关标准并按材料强度标准值计算或根据试验确定的预埋吊件、临时支撑、连接件的承载力。

表 3-5　施工安全系数表

项　目	施工安全系数（K_c）
临时支撑	2
临时支撑的连接件 预制构件中用于连接临时支撑的预埋件	3
普通预埋吊件	4
多用途预埋吊件	5

2）应对构件在该处承受吊装荷载作用的效应进行承载力验算,并应采取相应的构造措施,避免吊点处混凝土局部破坏。

3.8　设计要点

3.8.1　叠合板设计要点

1. 叠合板设计基本要求

1）叠合板的预制部分厚度不宜小于 60mm,后浇混凝土厚度应不小于 60mm,宜采用70mm。

2）叠合板支座和板缝等位置钢筋连接方式应符合现行《装配式混凝土结构技术规程》（JGJ 1）和《装配式混凝土建筑技术标准》（GB/T 51231）的规定:

支座处纵向受力钢筋从板端锚入支座的后浇混凝土中的长度应不小于 $5d$,且宜伸过支座中线。

单向板板侧支座处分布钢筋不伸入支座时,宜在紧邻预制板顶面的后浇混凝土叠合层上设置附加钢筋,其截面面积不宜小于预制板内的分布钢筋面积,间距不宜大于600mm,在板的后浇叠合层内锚固长度应不小于 $15d$,在支座内锚固长度应不小于 $15d$ 且伸过支座中心。

3）预制板板端与后浇混凝土之间的结合面应做成粗糙面,凹凸不小于 4mm,粗糙面的面积不宜小于结合面的 80%。

4）预制板的受力板端在支座上搁置长度应不小于 10mm。

5）屋面层和平面受力复杂的楼层宜采用现浇楼盖,当采用叠合板时,后浇混凝土厚度应不小于 100mm,且后浇混凝土内应采用双向通长钢筋,钢筋直径不宜小于 8mm,间距不宜大于 200mm。

2. 叠合板拼缝设计

1）按单向板设计的叠合板，其接缝构造可按《装配式混凝土结构技术规程》（JGJ 1—2014）或《装配式剪力墙结构设计规程》（DB11/1003—2013），叠合板之间预留一定宽度的后浇带，带宽宜为 40～200mm。

2）双向叠合板侧的整体式接缝宜设置在叠合板的次要受力方向，叠合板接缝宜避开最大弯矩截面，接缝可采用后浇带形式，构造要求符合《装配式混凝土结构技术规程》（JGJ 1—2014）和《装配式混凝土建筑技术标准》（GB/T 51231—2016）的规定：

后浇带宽度不宜小于 200mm，推荐宽度为 L_a+20mm。

后浇带板底受力钢筋宜采用搭接连接的形式，板底外伸钢筋为直线形时，钢筋搭接长度如图 3-2 所示；板底外伸钢筋端部为 90°或者 135°弯钩时，钢筋搭接长度如图 3-3 所示和图 3-4 所示。

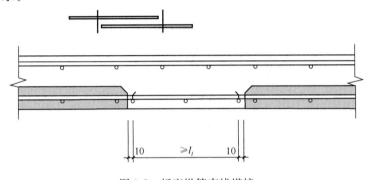

图 3-2　板底纵筋直线搭接

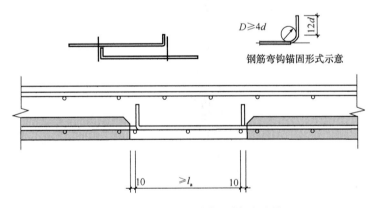

图 3-3　板底纵筋末端带 90°弯钩连接

3. 桁架钢筋的布置

1）桁架钢筋应沿预制板脱模和吊装时的主要受力方向布置。

2）桁架钢筋距板边应不大于 300mm，间距不宜大于 600mm，应不大于 700mm。

3）桁架钢筋的下弦杆钢筋应与板底钢筋一致，上弦杆钢筋根据预制板长度计算选择，宜采用 HRB400 钢筋；腹杆钢筋可采用 HPB300 或者 CRB550 钢筋，直径应不小于 4mm。

4）桁架下弦钢筋兼作板内受力钢筋时，直径应不小于 8mm；当不考虑下弦钢筋受力时，直径应不小于 6mm。

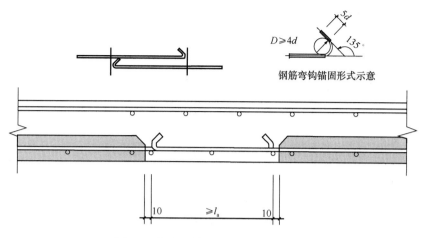

图 3-4 板底纵筋末端带 135°弯钩连接

5) 桁架钢筋的长度宜采用 50mm 的模数。

6) 桁架钢筋宜布置在板底钢筋中的靠上一侧。

7) 桁架钢筋的混凝土保护层厚度应不小于 15mm。

8) 桁架钢筋遇洞口应避开，当无法避开时，宜采用安装浇筑完成后切断的方式。

4. 机电及施工预留预埋

1) 排水管：住宅一般需要预留厨房的排水立管、燃气立管等穿板洞口；卫生间需要预留地漏、马桶、洗手盆、通气和排水立管等穿板洞口；雨水立管、冷凝水立管等也需要预留洞口。预制板上预留洞口直径宜比管道外径大 30mm，或与所选套管外径一致。

2) 给水立管：当给水立管需要穿预制板时，预留洞口要考虑保温层的厚度。

3) 中水模块：当卫生间采用同层排水设置中水模块时，只需要在预制板上预留中水模块的洞口，此洞口一般需预留构造钢筋。

4) 烟风道洞口按建筑专业要求预留，一般一边要扩 50mm。

5) 电气专业需要根据设计要求的材质和方式预留线盒和接头，在隔墙上的开关要留线管预留孔；根据布线确定高位插座的布置方向，判定是否需要线管预留孔。一般 DN20 的线管预留直径为 30mm 的通孔。

6) 消防的红外幕帘和烟感探测器需要吸顶布置的要预留线盒或通孔。

7) 施工方需要提供测量放线、布料杆、卸料平台等预留孔的位置和大小，建议预留直径不大于 150mm 的通孔。

8) 不建议在预制板上预留挑架孔。

9) 当现浇层混凝土强度低、无法满足支撑墙体的要求时，可采用在预制板上预埋支撑埋件或者预留通孔的方式。

10) 绘制预留预埋综合布置图以便于校对。

5. 叠合板脱模吊点的布置

1) 吊点可设计在桁架钢筋上弦钢筋与腹杆筋的交点处，吊点的位置设 2 根直径不小于 8mm 的钢筋。

2）吊点布置应考虑脱模吸附力，根据计算确定位置，设置数量不宜超过4组。

6．叠合板布置及编号原则

1）确定了板缝形式和尺寸后，沿进深方向布置叠合板，含外伸钢筋的宽度不宜大于3.0m，宜选择大板块，减少吊次。

2）根据外形尺寸、钢筋信息和预留预埋信息等分类确定叠合板编号，应能从编号中体现出模具的通用性和改造性。

3）确定叠合板的安装方向，同一栋楼建议安装方向一致。

4）按项目出具构件统计表。

3.8.2　预制阳台板和空调板设计要点

1．阳台板和空调板构件设计基本要求

1）阳台板宜采用叠合板构件，也可采用全预制的形式；空调板因跨度小，生产成本低，施工复杂，宜采用全预制构件。

2）根据建筑立面要求，空调板一般会带上下翻边的造型，尺寸往往较小，建议一次浇筑成型。

3）阳台板上的维护结构建议采用预制外挂板或者栏板的形式实现。

4）预制空调板建议采用断桥式埋件与主体结构连接，取消施工阶段贴保温的工作。

5）与主体结构连接的面应设置粗糙面，凹凸不小于4mm，粗糙面的面积不宜小于结合面的80%。

2．阳台板和空调板与主体结构连接节点

1）预制构件应与主体结构可靠连接，满足图集《装配式混凝土结构连接节点构造》（G310-1～2）的要求。

2）构件的负弯矩钢筋应在相邻的后浇混凝土中可靠锚固，锚固长度不小于 $1.1L_a$；板底钢筋伸入支座不小于 $12d$ 且过支座中心。

3）负弯矩钢筋做弯钩时要注意弯钩长度，避免与相邻的预制叠合板碰撞。

3．预留预埋的布置

1）冷凝水立管、地漏和雨水管等可按叠合板的布置原则预留。

2）需要根据要求预留栏杆和百叶埋件。

3.8.3　预制楼梯的设计要点

1．预制楼梯构件设计基本要求

1）楼梯梯段和防火隔墙宜采用预制形式。

2）预制楼梯宜一端设置固定铰，另一端设置滑动铰，其转动及滑动变形能力应满足结构层间变形的要求，且预制楼梯端部在支承构件上的最小搁置长度应符合《装配式混凝土结构技术规程》（JGJ 1—2014）的要求，见表3-6。

表 3-6　预制楼梯端部在支承构件上的最小搁置长度

抗震设防烈度	7 度	8 度
最小搁置长度（mm）	75	100

3）防火隔板采用预制混凝土时，厚度宜小于 120mm，与休息平台连接。

4）预制梯段与墙体预留 20mm 的安装缝隙，施工完成后灌浆处理。

5）楼梯梯段做到建筑面层时，阴阳角处宜做成圆角，踏步应带防滑措施。

2．预制楼梯连接节点

预制楼梯与支承构件之间宜采用简支连接，应符合下列规定：

1）预制楼梯梯段高端设置固定铰，低端设置滑动铰，其转动及滑动变形能力应满足罕见地震作用下结构层间变形的要求。

2）滑动铰的端部应采取防止滑落的构造措施。

3）滑动端与支承结构应预留缝隙，缝隙内不宜填充刚性材料，宽度不宜小于 30mm。

4）固定铰可采用点连接或者线连接的形式，连接构造应满足受力要求。

3．预留预埋布置

1）楼梯梯段的防滑条可采用三角形状。

2）楼梯栏杆宜采用预留孔，避免后期施工破坏梯面。

3）楼梯宜采用立模生产工艺，脱模和吊装可采用预埋吊钉的方式。

3.8.4　预制剪力墙设计要点

1．预制剪力墙构件设计基本要求

1）单个构件质量不宜过小，应综合考虑吊装成本，一般控制在 6～8t。

2）外叶板的厚度不宜小于 60mm，强度等级不宜低于 C30。

3）外叶板表面可以采用清水混凝土、瓷砖、石材、涂料等饰面做法。

4）当外叶板上需要设置线条等造型时，建议采用凹槽的形式，深度不宜大于 20mm，同时保证外叶板钢筋网片的保护层厚度。

5）外叶板钢筋网片宜采用直径不小于 4mm 的钢筋。

6）保温层材料宜选择挤塑聚苯板，应满足建筑节能计算要求。

7）保温连接件宜采用不锈钢材料。

8）窗下墙按填充墙设计时，填充物选用聚苯板，密度不小于 12kg/m³，设双层双向钢筋网片直径为 8mm，间距为 200mm；填充物四边做圆角处理，中间设直径为 100mm 的混凝土浇筑孔；填充物距墙边（梁边）不小于 50mm。

2．预制剪力墙构件布置

1）尽量采用较大尺寸的构件，每个开间宜设置一块预制剪力墙板，开间尺寸大于 7.2m 时，也可选择两块预制构件的方案。

2）剪力墙结构底部加强位置的剪力墙宜采用现浇混凝土的形式，如采用预制构件，建议将此区域设置成构造边缘构件，与上部构件统一，以减少构件类型。

3）转角处宜设计成 L 形或者 U 形构件，其他位置可设置成一字形、工字形、刀把形构件。

4）为了避免现浇和预制两种施工工艺，建议外墙全部采用装配方案，使外叶板闭合。

5）外叶板伸出内叶板的长度不宜大于 900mm。

6）剪力墙结构底部加强区宜采用现浇混凝土，当抗震等级为二、三级且墙肢的轴压比不大于 0.3 时，可采用内外墙装配的结构方案。

3. 预制剪力墙构件构造要求

1）预制剪力墙构件与现浇混凝土连接的界面应设计成粗糙面，平均凹凸深度不小于 6mm。

2）预制剪力墙构件钢筋混凝土保护层厚度除满足现行国家标准《混凝土结构设计规范》（GB 50010）的相关要求外，水平和竖向分布钢筋、连梁和边缘构件箍筋的钢筋混凝土保护层厚度不宜小于 15mm；连梁和边缘构件纵筋不宜小于 25mm；钢筋套筒净间距应不小于 25mm。

3）预制夹芯保温外墙板的外叶板中，靠外一侧钢筋混凝土保护层厚度不宜小于 20mm。

4）门窗洞口角部等应力集中的位置应设防裂钢筋。

5）箍筋宜采用焊接封闭箍的形式，也可采用 135° 弯钩的封闭箍筋。

6）边缘构件纵向钢筋应上下贯通，不宜采用弯折的形式，预留预埋和保温连接件等应避开主要受力纵筋。

7）钢筋灌浆套筒可采用全灌浆和半灌浆的形式，纵筋锚固在套筒内的长度应不小于 8d（d 为纵筋的直径），纵筋下料长度按正偏差控制。

8）采用钢筋套筒灌浆连接时，自套筒底部至套筒顶部并向上延伸 300mm 范围内，预制墙板的水平分布筋和箍筋应加密，加密间距如下：一、二级抗震等级时为 100mm，二、三级抗震等级时为 150mm，钢筋直径不小于 8mm，套筒上端第一道钢筋距离套筒顶部应不大于 50mm。

9）连梁纵向钢筋宜设置在边缘构件纵筋外侧，套筒钢筋沿墙厚方向距墙边的距离宜为 55mm。

10）上下层预制剪力墙的竖向分布钢筋宜采用双排连接，采用单排连接时应满足现行《装配式混凝土建筑技术标准》（GB/T 51231）的相关要求；当采用双排梅花形连接时，连接钢筋的配筋率不小于现行国家标准《建筑抗震设计规范》（GB 50011）规定的最小配筋率要求，连接钢筋的直径应不小于 12mm，同侧间距不大于 600mm，且抗震等级一级和二、三级预制墙板的竖向连接钢筋面积应不小于 1.2 和 1.1 倍墙体竖向钢筋的适配面积。

11）预制墙板中连梁纵筋直径不宜大于 20mm，当连梁纵筋采用直锚与相邻构件碰撞时，宜采用锚固板锚固的形式。

12）当剪力墙底面水平接缝处受剪承载力不满足《装配式剪力墙结构设计规程》

（DB11/1003—2013）时，可采取设置抗剪钢筋或者埋件的方式。

13）门窗固定在保温层时可采取预留防腐木砖的方式，当安装在内叶板上时可采用预留膨胀螺母的方式。

4. 预制剪力墙构件连接节点

1）预制剪力墙板两侧外伸钢筋与后浇带连接水平钢筋宜采用封闭口形式，附加钢筋也为封闭连接，外伸长度不小于 $10mm+0.6L_{ae}$。

2）楼梯间和电梯井墙体作为外墙时，每层应设置圈梁，高度不宜小于 250mm。

3）楼层位置，预制剪力墙顶部无圈梁时，应设置水平现浇带，宽度不小于墙厚，高度不小于板厚，一般取板厚+10mm；水平现浇带应与叠合层整体浇筑。

4）屋面及立面收进的楼层，应在预制剪力墙顶部设置封闭的后浇混凝土圈梁，宽度不小于墙厚，高度不小于板厚和 250mm 的较大者，圈梁应与叠合层整体浇筑。

5）预制连梁端部与现浇段连接时应设置抗剪键槽和粗糙面。

6）预制剪力墙的边缘构件的纵筋宜采用灌浆套筒连接，预制剪力墙段灌浆套筒宜采用梅花形布置。

7）预制剪力墙底部与结构板应预留 20mm 的施工安装缝，采用压力灌浆的方式填实。

5. 机电和施工预留预埋布置

1）电气插座应结合精装图的平面位置、标高、布线方式等预留到相应的预制墙板上，并做好与现浇部分的衔接，内容包括开关插座、低位插座、高位插座、弱电插座、可视对讲插座、红外幕帘插座、LEB 等调位插座等。采用 SI 体系时应明确哪些插座可以不在预制墙板中预留。

2）按规范要求，三类防雷建筑，高度超过 60m 的建筑物，其上部占高度 20% 并超过 60m 的门窗洞口、栏杆等位置应防雷预埋。

3）当线盒设在预制墙板上并向下布线时，应预留便于操作的手孔，且手孔和线盒位置应避开边缘构件的纵向受力钢筋。

4）空调室外机冷媒管预留洞位置可做微调，应避开纵筋和箍筋。

5）新风洞宜设在窗下非承重墙的位置。

6）预制剪力墙之间的现浇段模板可采用预留穿孔或螺母的方式。预留穿孔操作方便，当后期封堵工作量大时，有渗漏风险；当采用预留螺母时应确保施工阶段螺杆紧固到位以防胀模。

7）施工外架宜采用爬架、三角防护架和落地架的形式，当采用挑架时，悬挑杆穿过外墙的预留洞应尽量避开设置了套筒的边缘构件。

8）需要设置安全防护网的应充分利用门窗洞口的位置，减少在预制墙板上开孔。

9）塔式起重机宜附着在现浇墙段或者楼板的位置。

6. 生产预留预埋布置

1）采用平模生产的预制剪力墙构件的脱模埋件与施工支撑埋件可共用，安全系数不小于 5，埋件距墙边位置不小于 150mm，且应避开纵筋位置。为了便于生产，此埋件沿层高方向的高度和墙边的距离应统一。

2）预制剪力墙构件场内倒运、运输和吊装宜采用预埋吊钉的形式，2.5t和5t吊钉的长度不小于240mm和480mm。

7. 预制剪力墙板编号和模具配置

1）预制剪力墙板内叶板尺寸和配筋数量及间距相同，则可按一类编号处理，构件生产时预留出外叶板的调节量即可做到模具通用。

2）按梅花形布置的预制剪力墙墙段应统一第一个套筒的起点位置，做到模具可调节。

3.8.5 预制构件预埋吊件设计选用要点

预制构件吊装件设置的位置应能保证构件在吊装、运输过程中平稳受力。设置预埋件、吊环、吊装孔及各种内埋式预留吊具时，应对构件在该处承受吊装荷载作用的效应进行承载力验算，并应采取相应的构造措施，避免吊点处混凝土局部破坏。

当设置采用HPB300圆钢或Q235B钢材加工成型的吊环时，设计应满足现行《混凝土结构设计规范》（GB 50010）的要求。当采用厂家生产的标准内埋式吊件、吊具产品时，应在设计文件中对埋件的技术要求提出详细说明。吊装件的设计选用应包含如下内容：

（1）预埋吊件生产厂家的产品技术文件要求；

（2）预埋吊件的应用范围、类型、型号、尺寸、容许荷载、起吊荷载方向；

（3）预制构件的埋置要求，如最小边距、间距、埋置深度、附加构造钢筋图示、起吊时混凝土的最低强度要求等；

（4）预埋吊件对应配套使用的吊头、吊环（预埋吊件连接器）的类型及产品技术要求；

（5）当单块预制构件设计需要3个以上吊点受力时，应提出明确要求并给出保证多吊点均匀受力的建议措施，如在吊装系统中采用平衡梁、铰链、补偿锁具等；

（6）当采用非标准定制预埋吊件或预埋吊件生产厂家未提供完整的产品技术手册时，应给出容许承载力计算和试验验证方法；

（7）不对称外形预制构件应给出构件的重心位置。

4 预制构件生产供应与安全管理

4.1 生产供应管理

装配式预制构件生产与供应是影响装配式建筑工程进度、质量和造价的最重要环节，因此，应根据工程进度和技术质量等要求进行合理控制。

4.2 生产组织管理

在预制构件的生产过程中预制构件厂应严格执行公司安全岗位责任制和技术质量岗位责任制，组织有丰富经验的施工技术人员组成精干、高效的施工管理机构，对工程质量、工期目标、施工安全、文明施工、成本核算负责。从施工管理成员、施工机械、物资供应、施工技术管理等方面做到充分保证。以"优质、高速、安全、文明"为主轴，不断优化生产管理资源，科学组织、精心施工，有效推行全面质量管理，在保证质量的同时，力争提前完成本工程预制构件生产。

4.2.1 构件供货计划

施工单位根据建设单位的工期要求排出构件吊装计划。依据构件吊装计划，要求构件厂排出构件供货计划及构件的生产计划。构件生产计划如图 4-1 所示。

施工单位的要货计划应该在高度匹配施工总工期的情况下，充分与预制构件厂进行沟通，制定合理且经济的要货计划及生产计划，并应根据该计划，制定出合理的预防方案，防止各种不利因素（大风、雾霾停产等情况）的发生而耽误施工总进度。也应考虑工人的吊装熟练度较高后，能够快速且高效地完成预制构件的吊装，从而加快施工总进度，因此制定加快生产的计划。施工单位与预制构件厂因此需长期保持联系，并根据各种状况制定切实可行的供货计划。

4.2.2 人员计划

在预制构件的生产过程中，预制构件厂的生产技术人员应有必备的专业素养，并应针对各种项目的具体情况及结合多年积累的相关预制构件的生产经验，组建起有高素质、高水平的生产技术管理人员的团队。具体的管理组织机构如下：

1. 由总经理即企业法人代表全面统筹管理此次项目的各项工作。
2. 公司设置项目技术负责人（工程师）负责工程项目施工组织设计、施工技术和质

工程名称：北京城市副中心职工周转房项目C2标段　　　　生产单位：北京市燕通建筑构件有限公司

序号	楼号	楼层	构件类型	5月	6月						9月						8月					
				30	4	9	14	19	24	29	4	9	14	19	24	29	3	8	13	18	23	28
1		1	水平构件	—																		
2			竖向构件		—																	
3		2	水平构件				—															
4			竖向构件			—																
5		3	水平构件					—														
6			竖向构件				—															
7		4	水平构件						—													
8	C-8-2		竖向构件					—														
9		5	水平构件							—												
10			竖向构件						—													
11		6	水平构件									—										
12			竖向构件								—											
13		7	水平构件											—								
14			竖向构件										—									
15		8	水平构件												—							
16			竖向构件											—								
17		9	水平构件														—					
18			竖向构件																—			

图 4-1　C-8-2 号楼构件生产计划

量控制工作；副总经理负责协调构件的具体生产计划，同时设有生产部负责人，负责生产车间的管理。

3. 副总经理全面负责工程的构件生产工作，组织带领生产部人员、班组长进行学习，确保工程质量、进度，圆满完成工程。

4. 技术负责人指导督促现场人员搞好工程的质量、安全检查，参与质量事故的调查、分析及处理；全面负责工程项目施工组织设计、施工技术和质量控制工作。

5. 施工员负责车间现场的构件生产、模具的校核等生产技术具体工作；将施工工艺、质量要求向生产班组交底。

6. 材料员负责工程原料、材料、工具、外购埋件的订货、供应、运输、验收工作。

7. 安全员负责安全技术措施的编制及安全生产的各项规章制度的落实工作。

8. 质检员负责进场的原材料、配件、埋件、检验、测试等工作。

9. 资料员负责记录施工全过程的各类资料的收集、采集并分类组卷，建立与竣工资料目录相符的资料档案。

4.2.3 模具、物料计划

预制构件图纸下发到预制构件厂后，预制构件厂的算量人员应根据所收到的图纸，通过各种工具（建模、数量统计等）将物料短时间内较为准确地统计出来，并应将其原材料的规格、型号、技术参数等附在其后，交付物资部门去采购，相关技术部门、生产部门应对物料计划中的一些技术参数及数据负责。

模具加工部门应该根据项目工程量、工程进度确定模具制作方案，确定模具制作数量，具体见表 4-1 和表 4-2。

表 4-1 模具制作需求表

构件类型	模具数量（件）	构件总数量（件）	单层构件数量（件）	满模具生产需生产天数（d）
叠合板	56	2862	318	72
空调板	6	234	26	72
楼梯板	2	144	16	72
外墙板	40	1176	168	56
内墙板	10	434	60	56
PCF 板	6	210	30	35
总计	120	5060	618	363

表 4-2 模具加工计划样表

				××项目×标段模具加工计划			
序号	构件类型	叠合板	空调板	楼梯板	外墙板	内墙板	PCF 板
1	模具数量	56	6	2	40	10	6
2	加工开始时间	2018/3/15	2018/3/15	2018/3/15	2018/4/1	2018/4/2	2018/4/3
3	加工完成时间	2018/3/25	2018/3/25	2018/3/25	2018/4/16	2018/4/13	2018/4/12
4	加工周期（d）	10	10	10	15	11	9

注：竖向构件模具已加工完毕，待图纸确认后开始组装。

4.2.4 生产线、模台及主要设备安排

预制混凝土构件生产单位的设备直接关系到生产效率和工厂产能，所以生产线的布置、模台的合理安排显得尤为重要。一个项目中，各种构件的合理安排，将会极大地影响预制构件的生产效率。由于生产线设备都是非标准设备，所以对设备提出明确的技术要求外，在设备的制作工程中仍需要采购方进行全过程监造以确保制作质量，还应该严格控制安装的质量和精度。特别是在验收阶段要求设备空载验收、负载验收、单机运行、联动运行等各方面都必须达到上述要求。设备在使用过程中也要严格执行设备厂家提出的维修方法。

主要机械设备见表 4-3。

表 4-3 主要机械设备

序号	设备名称	规格型号	数量（台、套）	备注
1	构件生产流水线		1	
2	游牧式构件生产流水线		1	
3	搅拌站	HZS120 机组	1	
4	龙门吊	32t	2	
5	龙门吊	20t	4	

序号	设备名称	规格型号	数量（台、套）	备注
6	龙门吊	16t	8	
7	龙门吊	10t	1	
8	双梁桥式起重机	16t	1	
9	双梁桥式起重机	10t	5	
10	双梁桥式起重机	5t	1	
11	单梁桥式起重机	10t	1	
12	叉车	5t	1	
13	叉车	10t	1	
14	装载机	ZL-50	2	
15	钢筋调直切断机	GT4/14	2	
16	钢筋切断机	GQ40F2	2	
17	数控弯箍机	$\phi6\sim\phi12$	1	
18	钢筋弯弧机	W-32	3	
19	钢筋弯箍机	W-18	8	
20	钢筋弯曲机	40mm	2	
21	CO_2 保护焊机	NBC-315	12	
22	套丝机	16×6	1	
23	翻转机		1	
24	缓凝剂冲洗设备	CY-PRO3521	4	
25	场内转运车	8t	9	
26	空气压缩机	$10m^3/min$	3	
27	剪板机	HT11K-16×4000	1	
28	折弯机	HT67K-250/4000	1	
29	刮边机	XBJ-06	1	
30	磁力钻	23mm	5	
31	摇臂钻	Z3063	1	

4.2.5 储存安排

1. 应根据预制构件的种类、规格、质量等参数制定构件存放方案。其内容应包括存放场地、固定要求、存放支垫及成品保护措施等内容。对超高、超宽、形状特殊的大型构件的码放应采取专门质量保证措施。

2. 预制构件的存放场地宜为混凝土硬化场地，满足平整度和地基承载力要求，并应有排水措施。

3. 预制构件在存放过程中，应有可靠的固定措施，不得使构件变形、损坏。

4. 若采用层叠码放的形式，最下层构件应垫实；预埋吊点等位置宜向上。其中水平构件存储不宜超过 6 层；外墙板宜采用托架立放，上部两点支撑。

4.2.6　运输安排

1. 运输发货，根据施工进度要求进行发货，保证施工正常进行。加强对运输单位管理，明确质量责任，减少运输过程对构件的损伤。

2. 装车时，确保车辆承载对称均匀，保持平稳。构件支撑点下放置支撑物并固定牢固。构件在运输前必须绑扎稳固，确保运输过程中的稳定。

3. 构件装车支垫点要符合规定要求，镖绳打紧并垫上钢包角，防止边角处损坏；

4. 卸车时吊车臂起落要平稳、低速，禁止忽快忽慢，避免碰撞而引起构件损坏、掉角；

5. 内、外墙板采用直立运输方式，运输车上要安专用支架；

6. 运输时要对保温板、外露筋位置采取保护措施，防止开裂或弯曲。

4.3　构件生产工艺流程

1. 叠合板、空调板、内墙板采用的大台模，台模上固定边摸。可在流水线生产、振动台成型，也可在固定模板振捣棒成型。其生产工艺如图 4-2 所示。

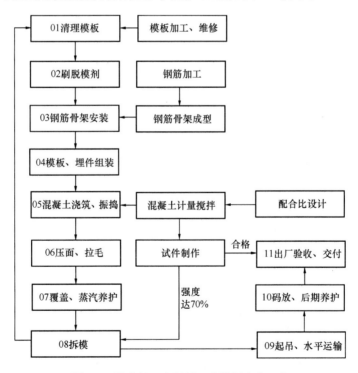

图 4-2　叠合板、空调板、内墙板生产工艺

2. 楼梯板等异型构件采用独立模具。其生产工艺如图 4-3 所示。

3. 外饰面（清水）：采用反打工艺，台模上固定边摸。先打外叶混凝土，铺设保温板，再浇筑内叶混凝土。其生产工艺如图 4-4 所示。

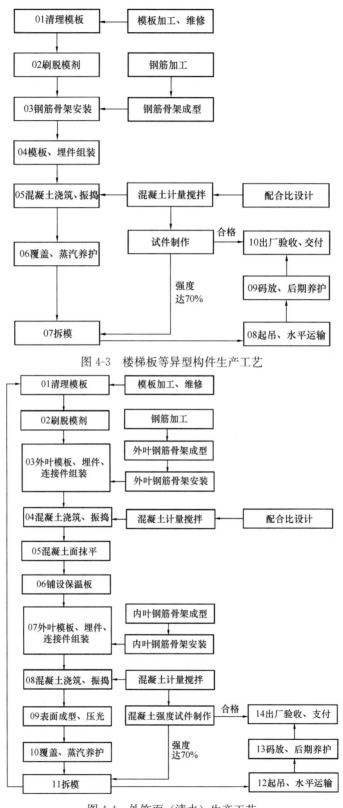

图 4-3　楼梯板等异型构件生产工艺

图 4-4　外饰面（清水）生产工艺

4.4　安全管理

4.4.1　生产安全

为保证本工程的顺利进行，确保施工中不发生伤亡事故，创建安全文明工地，公司设置安全保卫部门，具体负责生产中的安全，并制定安全生产措施，建立安全保证体系。

安全制度如下：

1）进入现场必须戴安全帽，系好帽带，并正确使用个人劳动防护用品。

2）穿拖鞋、高跟鞋、赤脚或赤膊者不准进入现场。

3）各种电动机械设备必须有漏电保护装置和可靠安全接地，方可使用。

4）严禁一切人员在吊机工作时在吊物下操作、站立、行走；严禁一切人员在吊机运行轨道上站立或堆放材料、工具等实物。

5）严禁非专业人员私自开动吊机及任何机械设备。

6）混凝土运输车不得超速行驶，不得急转弯，不得跨越铁轨黄线。

7）严禁在未设安全措施的部位同时进行上、下交叉作业。

8）严禁在高压电源的危险区域进行冒险作业。

9）严禁在有危险品、易燃品的现场、仓库吸烟生火。

4.4.2　运输安全

1. 行吊工安全操作规程

1）吊工上班前，必须检查起重机，试验限位开关、制动器和其他安全装置。主开关接电前，应将所有控制手柄置于零位。

2）行吊工必须与指挥人员配合，听从指挥，在起重运行之前，必须发出警铃。

3）启动应缓慢，起吊高度必须超过障碍物 20～50cm，大小行车行走时不得猛进，所吊物件不能摆动太大。

4）起吊重物时小车必须在垂直的位置，不允许起重机牵引和拖动重物。

5）所吊重物必须避开人群。

6）行吊发生问题时应即时停车，关掉电源，将所有控制器置于零位，及时告诉维修人员，并配合维修。

7）当风力超过 6 级时，应停止使用行吊，并使两侧夹轨钳同时夹住钢轨。

8）行吊在不带负荷运行时，吊钩应升至超过障碍物。

9）在捆扎不紧、歪拉斜吊时，行吊工必须发出警铃，告之安装没有做好，重新捆扎。

10）行吊工在离开操作位置之前必须做到：

（1）行吊机必须停在指定的位置。

（2）行吊机上不带荷载。

（3）吊钩升到所有障碍物之上。

（4）所有控制器都置于零位。

（5）行吊机上的主电源关掉。

（6）每班工作结束后，行吊工应将工作记录交给接班的人。如果认为行吊机工作状况不好，应将其故障报告给主管部门和接班人。

2. 运输质量安全保证措施

1）装车时，确保车辆承载对称均匀，保持平稳。构件支撑点下放置支撑物并固定牢固。构件在运输前必须绑扎稳固，确保运输过程中的稳定。

2）构件装车支垫点要符合规定要求，镖绳打紧并垫上钢包角，防止边角处损坏。

3）卸车时同甲方技术质检人员及监理人员进行联合验收，合格后方可进行吊卸。

4）驾驶牵引车的人员必须经过专业安全技术培训，经考试合格后，须取得主管部门的货物运输从业资格证。

5）车辆在道路上运输构件时，要严格遵守《中华人民共和国道路交通安全法》有关规定，确保交通安全。

6）运输车辆必须控制在 50km/h 以内，均匀行驶，严禁拐小弯及死弯。运输中途必须停车检查固定装置是否依然牢固，如发现固定装置松动，必须及时进行紧固后方可运行。

7）运输过程中通过窄桥、窄路和弯道十字路口等地段减速带等，随车助手必须下车指挥并身穿反光背心，手持发光指挥棒。驾驶员必须摇下车窗，便于听到提示。

8）驾驶员要经常对车辆设备进行维护保养。运输前，驾驶员要对车辆进行认真检查，对制动系统轮胎进行检查，确保车辆设备状况良好。

9）施工机械设备必须符合国家标准规定，且机械性能良好，安全防护装置齐全、灵敏、有效。

10）各岗位人员应严格履行安全操作职责，进入工地的人员一律戴安全帽。操作人员应严格执行相关操作规程，听从信号指挥。

11）吊装构件作业时，构件下严禁站人；与吊装作业无关的人员和不直接参加吊装的人员，不得进入吊装作业范围内。

12）吊装卸车前检查吊具是否符合安全要求，不符合要求的杜绝使用。

5　施工关键技术

5.1　前期准备

5.1.1　预留、预埋及策划

预制构件各类预留预埋主要内容如下：工程实体使用功能类的预留、预埋；构件加工、吊装、运输、安装环节施工安全类的预留、预埋；施工中测量放线、提高质量、成品保护等质量控制类的预留、预埋；其他所需的预留、预埋。

1. 工程实体使用功能类的预留、预埋

1）水暖管、燃气管预留洞

在进行水平构件的深化设计时，应同时参照结构图、建筑图及精装图，对水暖管、燃气管预留洞进行比对，并与设计方沟通、确认准确位置。

2）照明电盒预埋

在进行水平构件的深化设计时，应同时参照结构图、建筑图及精装图，对顶板上的照明点位进行比对，并与设计方沟通、确认准确位置。

3）预制楼梯的栏杆埋件

在进行预制楼梯的深化设计时，应同时参照构件图与建筑图的楼梯栏杆做法详图，在楼梯栏杆部位预留埋件或插孔，同时保证埋件或插孔在结构施工期间做安全防护。

4）水暖管、燃气预留洞

在进行水平构件的深化设计时，应同时参照结构图、建筑图及精装图，对预制墙板上的水暖管线及燃气管线的预留洞位置进行比对，并与设计方沟通、确认准确位置。

5）强弱电盒预埋

在进行水平构件的深化设计时，应同时参照结构图、建筑图及精装图，对预制墙板上的强电、弱电、开关等线盒位置进行比对，并与设计方沟通、确认准确位置。

2. 施工安全类的预留、预埋

1）墙体斜撑的地脚螺栓

墙体的斜撑是装配式结构的重要措施性工具，在叠合板上预留墙体斜撑的地脚螺栓，既可有效避免在叠合层浇筑完成后打眼触碰钢筋及损坏电管，又可避免由于叠合层混凝土未达到强度而造成的安全隐患。地脚螺栓的具体位置一般根据预制墙板的高度确定。在预制构件生产之前，需由构件厂完善斜撑布置图，再由施工总承包单位组织建设单位、监理单位及构件厂进行专家论证，对预留位置进行验算，合格后，按照布置图的位置预留地脚螺栓。

此外，由于受到混凝土强度影响，需注意冬期施工时墙体斜撑的地脚螺栓预留、预埋，如图 5-1 所示。

图 5-1　墙体斜撑的地脚螺栓预留、预埋

2）墙体斜撑预埋螺栓

墙体斜撑预埋螺栓用于将斜撑固定在预制墙板上，并且与叠合板上的地脚螺栓形成稳定的三角支撑体系。预埋螺栓的位置与个数根据预制墙板的墙高、墙宽、墙身质量确定。墙体上部预埋点不宜低于墙体高度的三分之二，并且每块墙板竖向支撑的支撑点原则上不少于两处。

3）附着式爬架预留孔洞

当装配式剪力墙结构超过一定高度时，宜考虑附着式爬架或施工升降平台。无论采用哪一种架体形式，都要在深化设计之初确定厂家，必须由爬架租赁单位或产权单位完成结构附着方案深化设计，再由总包单位组织专家论证会，对预留孔洞进行结构验算，合格后，根据要求预留孔洞。

4）吊点的预留、预埋

（1）叠合板吊点的预埋：叠合板吊点的设置有两种形式，一种是在板中预埋吊环，另一种是直接在桁架钢筋上设置吊点。由于后者的整体性较好，所以现在一般选择后者的设计形式。吊点位置的确定要考虑叠合板的长宽比，如长宽比超过一定比例，吊点要适当增加，受力位置要合理、对称。

（2）预制楼梯吊点的预埋：预制楼梯的吊点一般选择在梯段两侧 1/3 的区间范围内，并且不宜过于靠近梯段两边。由于楼梯踏步不宜设置吊环，因此在吊点位置设置专用卸扣，以便吊装。

（3）阳台板吊点的预埋：同叠合板吊点的预埋。

（4）空调板吊点的预埋：同叠合板吊点的预埋。

（5）预制墙板吊点的预埋：墙板吊点的设置有两种形式，一种是在墙顶预埋吊环，另一种是设置专用卸扣。无论哪种形式，都应根据墙板的长度、形状及重心位置，合理确定吊点的数量和位置。吊点宜设置在墙板顶部且满足墙厚中部位置，距离墙端部不宜超过1m。每块墙板吊点不宜少于2个。

5）塔式起重机械附着的预留、预埋

塔式起重机附着宜优先直接附着在现浇竖向构件上，当无法满足时，宜通过型钢结构附着于内墙预制墙板间的现浇暗柱节点或附着于楼层叠合板。除直接附着于现浇结构外，其他附着由塔式起重机租赁单位或产权单位委托具有相关资质单位进行深化设计和连接构件加工。除塔式起重机原生产外，其他附着深化设计应按相关程序组织专家论证，并应由塔式起重机租赁单位或产权单位根据塔式起重机参数，完成塔式起重机锚固与附着臂的改进和安装。

3. 质量控制类的预留、预埋

1）叠合板带的施工企口

当楼板构造设置混凝土现浇板带时，为保证叠合板板缝之间的混凝土现浇板带的施工质量，在叠合板的深化设计时，应根据设计图纸及现场实际需要，在叠合板底部的板带部位设置3～5mm深的施工企口。企口宽度根据板带的设计宽度及模板尺寸确定，最宽不宜超过50mm，如图5-2所示。

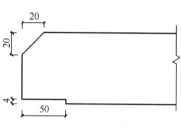

图5-2 叠合板的施工企口

2）放线孔洞

为了准确地传递各楼层的平面控制线，应根据楼板特点和控制线分布要求，在楼板四角的叠合板上预留放线孔洞。放线孔洞的预留原则为不破坏叠合板内的钢筋，尺寸控制在100mm×100mm以内，孔洞的中心点距离两侧墙边宜为整数，如500mm或1000mm等。

3）预制墙板施工企口

为保证两块预制墙板之间的混凝土现浇节点的施工质量，在预制墙板的深化设计时，应根据设计图纸及现场实际需要，在预制墙板两侧部位设置3～5mm深的施工企口。企口宽度根据现浇节点的设计宽度及模板尺寸确定，最宽不宜超过50mm，如图5-3所示。

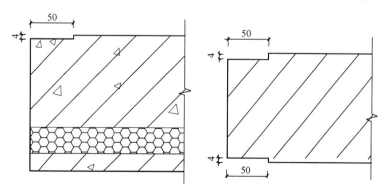

图5-3 预制外墙板施工企口、预制内墙板施工企口

4）穿墙螺栓孔洞

为保证现浇节点的模板支设牢固，在预制墙板上应预留穿墙孔洞或预埋螺栓。穿墙孔洞与预埋螺栓的具体位置根据模板的受力确定，并且每块墙板应呈规律性预留。

5.1.2 塔式起重机选型

装配式建筑的户型大小、外形的多样性及拆分后构件的尺寸大小，决定垂直运输工具吊重的选择。如何提高垂直运输工具的效率，如何合理地安排构件的堆放位置，是提高装配式结构施工速度最直接的方法。

以吊装高度为 15 层的装配式结构为例，单块构件安装速度由起吊 10min＋安装 5min＋下钩 5min 组成，合计 20min。可见单块构件越大，总构件块数越少，装配式建筑单层安装速度越快。

但装配式构件的单块质量决定了塔式起重机的选型，起重量越大，单月塔式起重机的租赁费用越高。80 系列塔式起重机比 70 系列塔式起重机单月增加成本 30％以上，但40m 端头吊重只增加 2t。因此，根据实际情况，综合考虑构件单块质量，合理选用塔式起重机，是降低装配式建筑综合成本的一项重要措施。从多个装配式建筑的施工经验来看，综合成本最合理的为 70 系列塔式起重机。

目前，商品房项目或保障性住房建设项目多为群体项目。群体装配式建筑施工中，群塔作业存在分层管理的问题。一般群体建筑塔式起重机分为 3 层——高塔、次高塔及低塔。而装配式建筑受到竖向构件或踏步板构件的影响，分层高度比全现浇结构的高差大5m 左右。这样无形中增加了群塔施工的难度。因此，群体项目施工指导措施如下：

1. 装配式结构全部采用平头塔式起重机，增加高低塔之间的错塔空间。

2. 根据施工进度计划，合理安排群塔方案，减少附着道数，降低塔式起重机使用的综合成本。

3. 装配式结构的塔式起重机应采用 2 倍率钢丝绳，增加构件的单块吊装速度。

5.1.3 现场平面布置

1. 装配式根据其结构特点，竖向构件（包括墙体、挂板等）、水平构件（叠合板、阳台板、空调板、踏步板等）都需要大量的存放场地，通常单层构件的堆放场地为单层建筑面积的 1.5～4.3 倍。根据以上特点，在进行场区布设时，要充分考虑装配式构件的存放场地。

2. 装配式结构构件受到整体建筑美观性的影响，通常单块墙板较大，用作建筑的自然分缝，造成单块质量较大，一般在 3～7t。而建筑通常采用塔式起重机作为垂直运输工具，塔式起重机一般都是在靠近塔身部位的吊重较大。根据这个特点，重型构件及加工区一般都在塔式起重机覆盖范围内，较重的构件需要靠近塔身一侧。

3. 装配式构件通常需要用拖车进行运输。在建设场区环场道路时，要考虑转弯半径及构件吊装时的汽车式起重机占位问题。

4. 当施工场地不能满足构件堆放要求时，要尽量考虑通过其他办法解决构件的存放场地。

5. 构件堆放场地不能距离单体建筑太近，因为要充分考虑单体建筑在施工时，设置 6m 的水平兜网的距离。

6. 装配式建筑堆放场地一定要有足够的强度和刚度。每平方米受力要根据实际构件质量情况确认。

7. 在构件场地确认后，应在构件堆放场地画出吊重范围线。

装配式结构应根据以上原则，确定场区整体的布置。

5.1.4 模板选型

装配式剪力墙结构的模板用量约为全现浇结构模板用量的 1/2。通常墙体节点模板包括一字形节点、T 形节点、L 形节点及现浇部分。顶板模板包括板带模板及现浇部分模板。装配式剪力墙结构的模板与全现浇结构的另一个区别是模板不用卸料平台进行倒运，可以通过烟风道口、楼梯间进行倒运。由以上特征分析可知，模板的类型及方式如下：

不同材质模板的适用范围：当装配式剪力墙节点模板周转次数少于 18 次时，宜用多层板＋木龙骨；当装配式剪力墙节点模板周转次数大于等于 18 次时，宜用金属模板。

装配式剪力墙节点模板的设计：按多层板＋木龙骨模板或金属模板配置。

1. 钢木龙骨体系

竖向现浇节点模板采用钢木龙骨体系，主龙骨采用 30mm×50mm×2.2mm 方钢，次龙骨采用 40mm×40mm×3mm 方钢。

模板在加工时，在现浇节点模板两侧增加防漏浆的板条，板条尺寸为 30mm 宽、8mm 厚。模板安装完毕后，模板板条 30mm 压在预制外墙企口上；模板板条与预制构件预留企口相互咬合，防止混凝土浆料外漏。

模板安装完毕后安装背楞，并使用穿墙螺栓通过预制构件预留的孔进行加固。

两块预制墙板之间的一字形现浇节点内侧采用单侧支模，外侧利用两侧墙板外叶板作模板。一字形节点模板支设如图 5-4 所示。

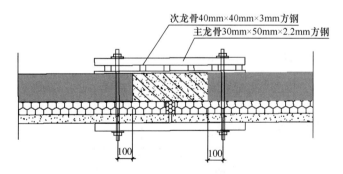

图 5-4 一字形节点模板支设

两块预制墙板之间的 T 形现浇节点模板支设如图 5-5 所示。

两块预制板之间的 L 形现浇节点模板支设如图 5-6 所示。

装配式混凝土建筑施工与信息化管理关键技术

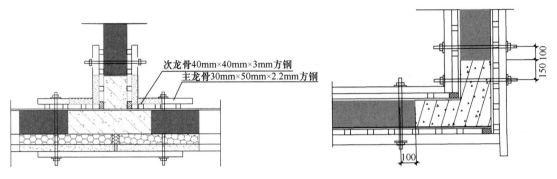

图 5-5 T形现浇节点模板支设　　　　图 5-6 L形现浇节点模板支设

水平构件间现浇节点（板带）模板支设如图 5-7 所示。

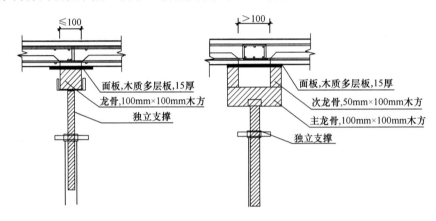

图 5-7 水平构件间现浇节点（板带）模板支设

模板设计：面板采用 15mm 厚多层板制作，龙骨采用 100mm×100mm 和 50mm×100mm 木方制作。

模板安装：叠合板安装完毕并调整完标高之后，安装板带模板，使用独立支撑调整并固定。

2. 金属模板体系

金属模板主要针对铝模板支设，如图 5-8 所示。

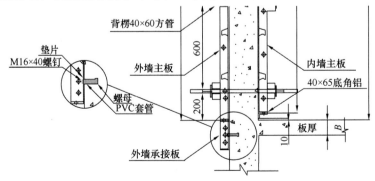

图 5-8 铝模板支设

1）墙体模板

（1）墙体模板标准尺寸为 400mm×（层高－板厚－20mm）（内墙板）及 400mm×（层高－200mm）（外墙板）。内墙超出标准板高度部分，制作接高板（横向布置）与标准板上下相接。墙体模板型材高 65mm，铝板材厚 4mm。

（2）外墙顶部加一层 200mm 宽的模板，起到楼层之间的模板转换作用。

外墙板生根处理：外墙板在完成一层浇灰后，运到上一层使用时，在外墙外表面需要有支撑外墙模板的构件，即外墙承接板。外墙承接板配置 2 套。

（3）墙体模板处需设置对拉螺杆，其横向设置间距不大于 800mm，纵向设置间距不大于 1000mm。对拉螺杆起到固定模板和控制墙厚的作用。对拉螺杆为 T18 螺杆，材质为 Q235。

（4）墙体模板背面设置背楞，材料采用 40mm×60mm 方管或 30mm×50mm 方管。背楞设置纵向间距不大于 1000mm，横向间距不大于 800mm。

（5）斜撑由上部斜撑杆、下部斜撑杆及斜撑固定点组成。斜撑下端套入底板上固定点（埋入 M16 螺钉），如图 5-9 所示。

墙体模板侧面支撑用可调式斜撑，一端用膨胀螺栓固定于地面，另一端用螺栓固定在背楞上，可以起到增强抗弯、调节墙板垂直度的作用。

在第一道和第三道背楞上加装可调斜撑，斜撑间距根据墙面长度确定，间距应不大于 2000mm。

（6）内外板节点如图 5-10 所示。

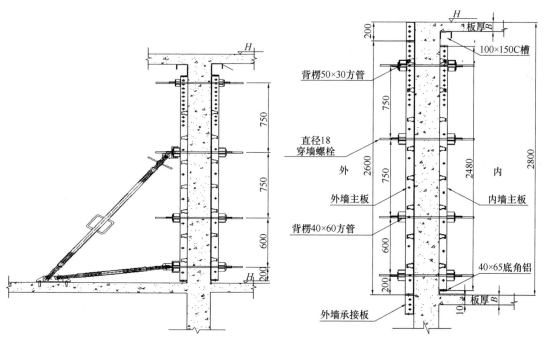

图 5-9　斜撑的使用

图 5-10　内外板节点
注：1～3 道背楞采用 40×60 方管，
第 4 道背楞采用 50×30 方管

（7）墙板平面配筋如图 5-11 所示。

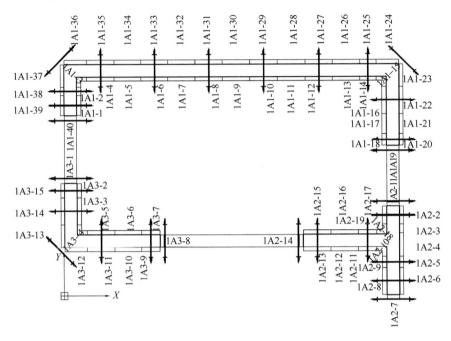

图 5-11　墙板平面配筋

（8）墙板三维图

墙板三维图如图 5-12～图 5-14 所示。

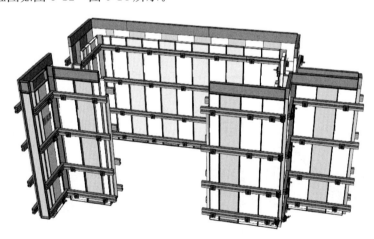

图 5-12　墙板三维图（一）

2）顶板模板

（1）楼面顶板的标准尺寸为 400mm×1200mm，局部按实际结构尺寸配置。楼面顶板型材高 65mm，铝板材厚 4mm。

（2）楼面顶板横向间隔不大于 1200mm 设置一道 150mm 宽的铝梁龙骨，铝梁龙骨纵向间隔不大于 1200mm 设置快拆支撑头 150mm×200mm（早拆头），如图 5-15 所示。

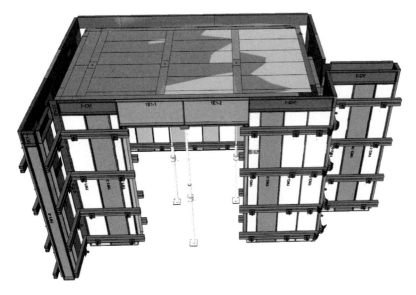

图 5-13 墙板三维图（二）

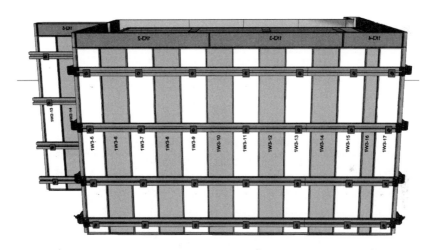

图 5-14 墙板三维图（三）

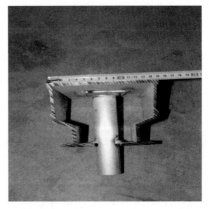

图 5-15 快拆支撑头

（3）楼面顶板设计应绘制平面布置和顶板平面配模图。

楼面顶板安装（局部区域）如图 5-16 所示。

顶板三维配筋如图 5-17 所示。

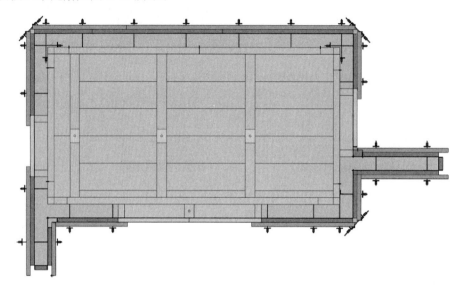

图 5-16　楼面顶板安装（局部区域）

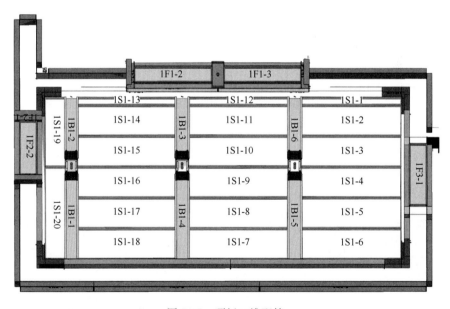

图 5-17　顶板三维配筋

（4）楼面龙骨（横梁）装拆如图 5-18 所示。

3）梁模板

梁模板可采用钢木模板或金属模板，主要针对铝型材模板进行选项、设计简述。

（1）梁模板尺寸按实际结构尺寸配置。梁模板型材高 65mm，铝板材厚 4mm。

（2）梁底设单排支撑，梁底支撑间距为 1350mm，梁底中间铺板，梁底支撑铝梁

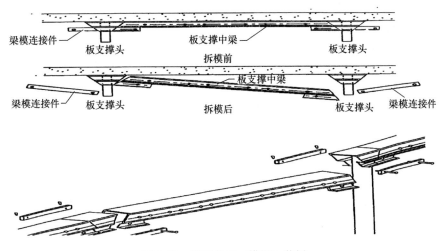

图 5-18 楼面龙骨（横梁）装拆

150mm 宽，方便施工人员拆装模板。

（3）梁模板安装节点大样如图 5-19 所示。

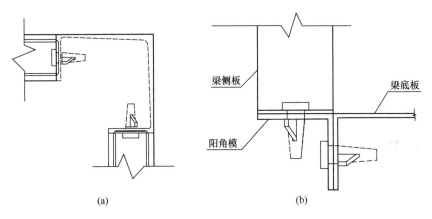

(a)　　　　　　　　　　(b)

图 5-19 梁模板安装节点大样

（a）梁底单排立杆；（b）梁底双排立杆

（4）梁模板相关布置如图 5-20～图 5-23 所示。

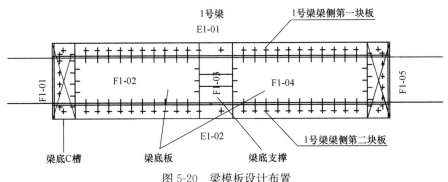

图 5-20 梁模板设计布置

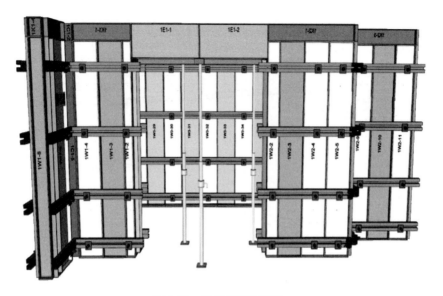

图 5-21　梁模板平面配模

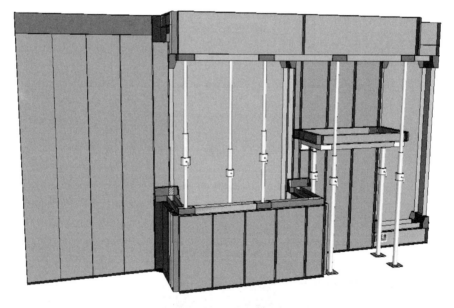

图 5-22　梁模板三维立面

5.1.5　吊梁设计

装配式建筑工程中常用吊梁主要包括：固定吊点型吊梁；可调节吊点型吊梁，如图 5-24所示。前者主要采用 H 型钢，在其固定位置设置耳板，通过焊接形成整体吊梁；后者采用带多个圆孔的竖向矩形钢板，在其面外添加双槽钢形成整体吊梁。后者吊点调节灵活，与各类预制构件匹配性强，施工方便，应用更广泛。

目前，中小型预制墙板基本采用两点吊装，大型预制墙板采用四点吊装。

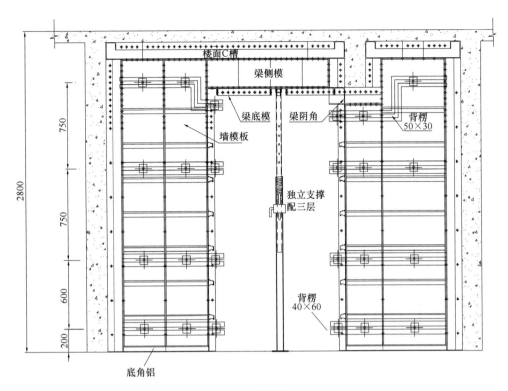

图 5-23　梁模板立面

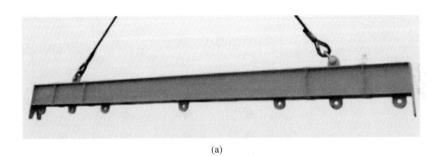

(a)

(b)

图 5-24　装配式建筑工程中常用吊梁

（a）固定吊点型吊梁；（b）可调节吊点型吊梁

两点吊装一般按照墙体重心线两侧等距原则布置吊点，实现两个吊点受力相同。在满足该原则的多种布置方案中，等弯矩布置方案可使预制墙体按照等代梁模型计算时吊点弯矩与跨中弯矩相同，实现受力优化。四点吊装在不采用滑轮组的常规情况下，可按照吊点等力和吊点等距两种方式布置吊点，实现布置优化。各吊点位置详见表5-1。

表5-1 预制墙体吊点位置及吊点力

吊点数	布置类型	吊点位置	
		l_1/l_w	l_2/l_w
2点	等弯矩	0.21	0.58
4点	等弯矩	0.095	0.27
	等距离	0.125	0.25

注：l_1、l_2为边跨、中跨长度；l_w为构件长度。

吊梁与连接预制墙板连接吊点（简称下吊点）的吊索宜垂直无角度；吊梁与连接起重机吊钩连接吊点（简称上吊点）的吊索水平向夹角应≥45°，宜≥60°；此外，上吊点宜与下吊点对齐，避免吊点错位造成端部悬挑区受力过大。

因考虑受力因素差别，吊梁计算模型可分为轴压杆件模型、单向压弯杆件模型和双向压弯杆件模型，详见表5-2。目前，常用的计算模型大多不考虑吊点附加次弯矩和面外弯矩的影响，偏于不安全，故吊梁宜采用双向受力模型进行设计。

表5-2 吊梁计算模型类别及特点

吊装方式	力学模型		考虑受力因素				
			轴压力 N	剪力 V	面内弯矩 M_{x1}	吊点附加弯矩 M_{xa}	面外弯矩 M_y
2点吊装	轴压受力模型		●				
	单向压弯受力模型	1	●	●	●		
		2	●	●	●	●	
	双向压弯受力	1	●	●	●		●
		2	●	●	●	●	●
4点吊装	单向压弯受力	1	●	●	●		
		2	●	●	●	●	
	双向压弯受力	1	●	●	●		●
		2	●	●	●	●	●

设计时，因吊梁受力约束少，冗余度低，与普通钢结构构件设计不同，需要考虑安全系数 K。

基于现行《钢结构设计标准》（GB 50017），吊梁双向压弯受力计算公式如下：

1）抗弯强度：

$$\frac{N}{A_n} \pm \frac{M_x}{W_{nx}} \pm \frac{M_y}{W_{ny}} \leqslant \frac{f}{K} \tag{5-1}$$

2）平面内稳定：

$$\frac{N}{\varphi_x A} \pm \frac{M_x}{W_x\left(1-0.8\frac{N}{N'_{Ex}}\right)} + \frac{M_y}{\varphi_{by}W_y} \leqslant \frac{f}{K} \tag{5-2}$$

$$N'_{Ex} = \pi^2 EA/(1.1\lambda_x^2)$$

3）平面外稳定：

$$\frac{N}{\varphi_y A} + \frac{M_y}{W_y\left(1-0.8\frac{N}{N'_{Ey}}\right)} + \eta\frac{M_x}{\varphi_{bx}W_x} \leqslant \frac{f}{K} \tag{5-3}$$

$$N'_{Ey} = \pi^2 EA/(1.1\lambda_y^2)$$

式中，各参数含义详见现行《钢结构设计标准》（GB 50017）。

针对吊梁特点，上述公式中部分参数取值建议如下：(1)计算长度与上下吊点的设置有关，为方便计算，偏安全地取吊梁长度为计算长度；(2)因吊梁是反复使用的构件，宜使其处于弹性受力状态，故塑性发展系数 γ 取 1.0；(3)因吊梁约束少，从安全角度考虑，各工况下弯矩分布系数均取 1.0；(4)因该类型截面不是简单的箱形截面，而是带悬挑端的箱形截面，从安全角度考虑，η 宜按非箱形截面设计，取 1.0；(5)根据相关文献建议，K 取 5.0。

同时，吊梁可按单梁吊车挠度允许值的规定进行挠度验算。

$$\frac{v}{l_b} \leqslant \frac{1}{500} \tag{5-4}$$

式中　v——钢梁跨中挠度；

　　　l_b——吊梁长度。

5.2　安装操作要点

装配式结构安装施工工艺如图 5-25 所示。

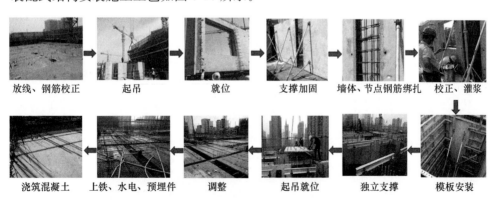

图 5-25　装配式结构安装施工工艺

5.2.1 预制墙板

1. 操作流程

放线→搁置垫片→灌浆料分仓→预制墙板吊装→预制墙板定位→预制墙板斜撑安装→调整位置及垂直度→灌浆。

2. 操作要点

1）预制墙板吊装。构件吊装采用多点吊装梁，根据预制墙板的吊环位置采用合理的起吊点，用卸扣将钢丝绳与外墙板的预留吊环连接，起吊至距地500mm后暂停，检查起重机的稳定性、制动装置的可靠性和绑扎的牢固性等，检查构件外观质量及吊环连接无误后方可继续起吊。已起吊的构件不得长久停止在空中。严禁超载和吊装质量不明的重型构件和设备，起吊要求缓慢匀速，保证预制墙板边缘不被损坏。

2）预制墙板定位。预制墙板吊装前，在现浇层上安置钢垫片，高20mm，用靠尺确定垫片之间的标高一致，再用灌浆料沿墙外边四面围合，使其内部形成封闭的空腔，围合高度为20mm，宽度为20mm。

预制墙板吊装时，要求塔式起重机缓慢起吊，吊至作业层上方并下降至距地1m的位置，吊装工人两端抓住墙板，缓缓下降墙板，墙板下方放置镜子便于对插筋孔，墙板就位后安装斜撑。

3）预制墙板斜撑（图5-26）安装。用螺栓将预制墙板的斜撑杆安装在预制墙板上的

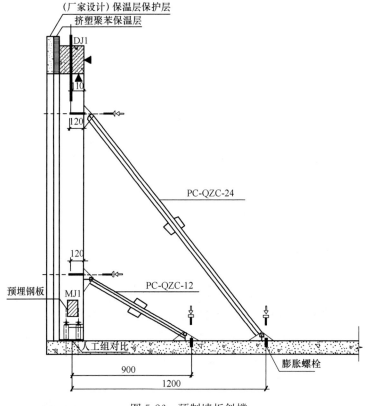

图 5-26　预制墙板斜撑

58

预留套筒连接件上，下端连接预制板上预埋的铆环并进行固定，根据靠尺刻度对预制墙板进行垂直度调整，直到墙板垂直度达到设计要求。在墙底部利用之前，复核测量放线留下的500mm距离的控制线，进一步控制墙板位置的精度。待垂直度和位置都符合设计要求后，在墙底部安装定位件固定，锁死斜撑下端拉环，以防人为转动斜撑，造成垂直度偏差。

4）调整位置及垂直度。

（1）平行和垂直墙板方向水平位置矫正措施：通过在楼板面上弹出墙板控制线进行墙板位置校正，墙板按照位置线就位后，若水平位置有偏差并需要调节，则可利用撬棍进行微调。

（2）墙板垂直度校正措施：待墙板水平就位调节完毕后，利用拉环斜撑调节，在墙板光滑面放上靠尺，然后同时同旋转方向调节斜撑，直到尺度达到设计要求。墙侧面放靠尺检查墙板水平度，通过加减垫块直到水平度达到设计要求即可。

（3）斜撑和定位件安装及拆除要求：斜撑墙板上固定高度为2m，下端连接的铆环距离墙板水平距离为1.2m，安装角度为45°～60°，拆除及安装时间见施工流程图中的时间节点。斜撑拆除时间为楼板混凝土浇筑完成后，并且现浇混凝土强度达到1.2MPa以上。定位件与墙板、楼板通过预埋套筒螺栓连接。

3. 质量验收

检验仪器：靠尺、塔尺、水准仪。

检验操作：吊装墙板吊装取钩前，利用水准仪进行水平检验。如果发现墙板底部不够水平，通过塔式起重机提升加减垫块进行调平，偏差在±1mm以内即可。落位后进行复核，落位垂直度偏差在±3mm以内即可验收合格。

5.2.2 预制叠合楼板施工

1. 操作流程

弹控制线→顶板支撑搭设→预制叠合楼板→预制叠合楼板吊装→专业管线敷设→板带支设→板上铁钢筋绑扎→混凝土浇筑。

2. 操作要点

1）预制叠合楼板

预制叠合楼板采用三脚独立支撑体系。每块叠合板支撑三组铝梁，三脚架距铝梁端部为250mm，铝梁距叠合板长方向两端均为500mm，铝梁间距为$(L-1000)/2$（L为板长）。如图5-27～图5-29所示。

2）预制叠合楼板吊装

叠合楼板起吊时，必须采用多点吊装梁吊装，要求吊装时7个（或8个）吊点，均匀受力、起吊缓慢，保证叠合板平稳吊装，如图5-30所示。

叠合板吊装过程中，在作业层上空500mm处略作停顿，根据叠合板位置调整叠合板方向并进行定位。叠合板停稳慢放，以免吊装放置时冲击力过大而导致板面损坏。

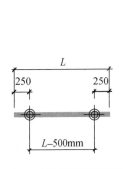

图 5-27 三脚架距铝梁端位置

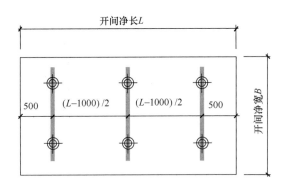

图 5-28 叠合板的支撑铝梁

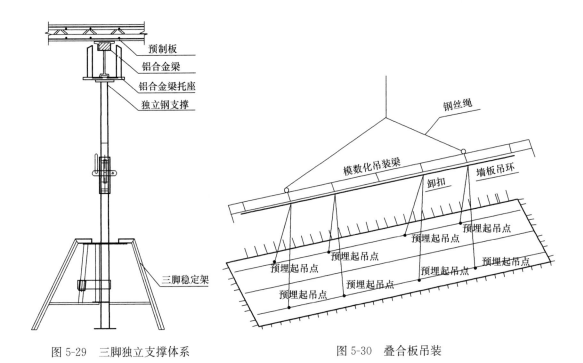

图 5-29 三脚独立支撑体系

图 5-30 叠合板吊装

叠合板就位校正时，采用楔形小木块嵌入调整，不得直接使用撬棍调整，以免出现板边损坏。

3）专业管线敷设

各种机电预埋管和线盒在敷设时为了防止位置偏移，应定制新型线盒，该种线盒有两个穿钢筋套管，使用时利用已穿的附加定位钢筋与主筋绑扎牢固。

4）板带支设

板带采用扣件式钢管支撑体系搭设，间距不大于1200mm。模板采用15mm厚多层木模板。

3. 质量验收

1）检验仪器：靠尺、水平激光仪、水准仪。

2）检验操作：楼板吊装取钩前使用水平激光仪放射出 1m 标高线，利用水准仪在楼板底部进行水平检验，如果发现板底部不够水平，可调节可调顶托，直到偏差在±3mm以内即可验收。落位后进行复核，落位水平度偏差在±5mm以内即可验收。

5.2.3 预制阳台板

1. 操作流程

弹控制线→阳台支撑体系搭设→阳台吊位就位→阳台吊装校正→阳台机电管线敷设→板上铁钢筋绑扎→混凝土浇筑。

2. 操作要点

1）阳台支撑体系搭设。预制阳台板支撑采用扣件式钢管支撑体系搭设，同时根据阳台板的标高位置，将支撑体系的顶托调至合适位置处。

2）阳台吊装就位。

（1）预制阳台采用预制板上预埋的四个吊环进行吊装，确认卸扣连接牢固后缓慢起吊。

（2）待预制阳台板吊装至作业面上 500mm 处略作停顿，根据阳台板安装位置控制线进行安装。就位时要求缓慢放置，严禁快速猛放，以免造成阳台板振折损坏。

阳台板按照弹好的控制线对准安放后，利用撬棍进行微调，就位后采用 U 形顶托进行标高调整。

3）阳台吊装校正。阳台吊装就位后，根据标高及水平位置线进行校正。

4）阳台机电管线敷设。管线敷设时必须依照机电管线敷设深化布置图进行。

5）板上铁钢筋绑扎。待机电管线敷设完毕后进行叠合板上铁钢筋绑扎。为保证上铁钢筋的保护层厚度，钢筋绑扎时利用阳台板的桁架钢筋作为上铁钢筋的马凳。叠合面上铁钢筋验收合格后进行混凝土浇筑。

3. 质量验收

1）检验仪器：靠尺、水平激光仪、水准仪。

2）检验操作：阳台板吊装取钩前，先使用水平激光仪放射出 1m 标高线，利用水准仪在板底部进行水平检验，如果发现板底部不够水平，可调节可调顶托，直到偏差在±3mm以内即可验收。落位后进行复核，落位水平度偏差在±5mm以内即可验收。

5.2.4 预制空调板施工

1. 操作流程

弹控制线→空调支撑体系搭设→空调吊装就位→空调吊装校正→专业管线敷设→板上铁钢筋绑扎→混凝土浇筑。

2. 操作要点

1）空调支撑体系搭设。预制空调板支撑采用扣件式钢管支撑体系搭设，同时根据空调板的标高位置将支撑体系的顶托调至合适位置处。

2）空调吊装就位。

预制空调板采用预制板上预埋的两个吊环进行吊装，确认卸扣连接牢固后缓慢起吊。

待预制空调板吊装至作业面上 500mm 处略作停顿，根据空调板安装位置控制线进行安装。就位时要求缓慢放置，严禁快速猛放，以免造成空调板振折损坏。

空调板按照弹好的控制线对准安放后，利用撬棍进行微调，就位后采用 U 形顶托进行标高调整。

3）空调吊装校正。预制空调板吊装就位后，根据标高及水平位置线进行校正。

4）板上铁钢筋绑扎。为保证上铁钢筋的保护层厚度，钢筋绑扎时利用阳台板的桁架钢筋作为上铁钢筋的马凳。叠合面上铁钢筋验收合格后进行混凝土浇筑。

3. 质量验收

1）检验仪器：靠尺、水平激光仪、水准仪。

2）检验操作：阳台板吊装取钩前，首先使用水平激光仪放射出 1m 标高线，利用水准仪在板底部进行水平检验，如果发现板底部不够水平，再调节可调顶托，直到偏差在 ±3mm 以内即可验收。落位后进行复核，落位水平度偏差在 ±5mm 以内即可验收。

5.2.5 预制楼梯平台板施工

1. 操作流程

弹控制线→支撑体系搭设→预制楼梯平台板吊装就位→预制楼梯平台板校正→专业管线敷设→板上铁钢筋绑扎→混凝土浇筑。

2. 操作要点

1）支撑体系搭设。预制楼梯平台板支撑采用扣件式钢管支撑体系搭设，同时根据楼梯平台板的标高位置，将支撑体系的顶托调至合适位置处。

2）预制楼梯平台板吊装就位。预制楼梯平台板采用预制板上预埋的四个吊环进行吊装，确认卸扣连接牢固后缓慢起吊。

待预制楼梯平台板吊装至作业面上 500mm 处略作停顿，根据楼梯平台板安装位置控制线进行安装。就位时要求缓慢放置，严禁快速猛放，以免造成预制楼梯平台板振折损坏。

预制楼梯平台板按照弹好的控制线对准安放后，利用撬棍进行微调，就位后采用 U 形顶托进行标高调整。

3）预制楼梯平台板校正。预制楼梯平台板吊装就位后，根据标高及水平位置线进行校正。

4）专业管线敷设。楼梯平台部位的机电管线敷设时，必须依照机电管线铺设深化布置图进行。

5）板上铁钢筋绑扎。待机电管线敷设完毕后，进行预制楼梯平台板上铁钢筋绑扎。为保证上铁钢筋的保护层厚度，钢筋绑扎时利用叠合板的桁架钢筋作为上铁钢筋的马凳。叠合面上铁钢筋验收合格后进行混凝土浇筑。

3. 质量验收

1）检验仪器：靠尺、水平激光仪、水准仪。

2）检验操作：阳台板吊装取钩前，先使用水平激光仪放射出 1m 标高线，利用水准

仪在板底部进行水平检验，如果发现板底部不够水平，可调节可调顶托，直到偏差在
±3mm以内即可验收。落位后进行复核，落位水平度偏差在±5mm以内即可验收。

5.2.6　预制楼梯梯段施工

1.操作流程

弹控制线→放置钢垫片→铺浆→预制楼梯梯段安装→灌浆。

2.操作要点

1）弹控制线。根据施工图弹出楼梯安装控制线，对控制线及标高进行复核。楼梯侧
面距结构墙体预留30mm空隙，为后续初装的抹灰层预留空间。

2）放置钢垫土。在楼梯端上下梯梁处放置20mm钢垫片。钢垫片标高要控制准确。

3）预制楼梯梯段安装。预制楼梯板采用水平吊装，用卸扣、吊钩与楼梯板预埋吊装
内螺母连接，起吊前检查卸扣卡环、吊钩是否装牢，确认牢固后方可缓慢起吊。图5-31
为预制楼梯板模数化吊装。

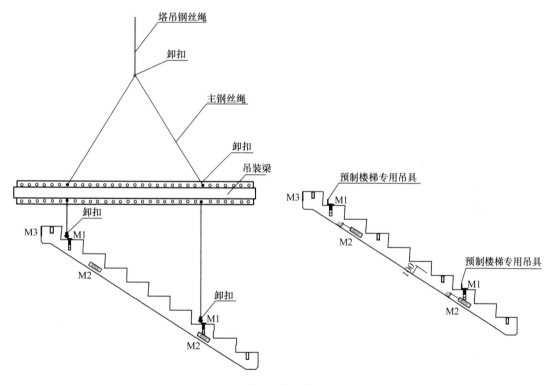

图 5-31　预制楼梯板模数化吊装

待楼梯板吊装至作业面上500mm处略作停顿，根据楼梯板方向调整，就位时要求缓
慢操作，严禁快速猛放，以免造成楼梯板振折损坏。

楼梯板基本就位后，根据控制线，利用撬棍微调、校正。

预制楼梯安装节点大样如图5-32所示。

4）灌浆。楼梯段校正完毕后，连接孔采用C40级CGM灌浆料封堵密实，表面由砂浆

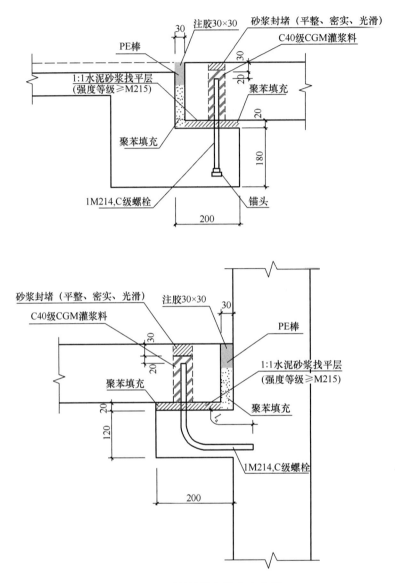

图 5-32　预制楼梯安装节点大样

收面；梯段与平台梁之间的 30mm 缝隙采用聚苯板填充，放置 PE 棒，表面注胶 30mm×30mm。

　　3. 质量验收

　　1）检验仪器：靠尺、水准仪。

　　2）检验操作：楼梯吊装取钩前，利用水准仪在楼板底部进行水平检验，如果发现楼板底部不够水平，可通过撬棍进行调整，加减垫块，直到偏差在±5mm 以内即可验收。落位后进行复核，落位水平度偏差在±8mm 以内即可验收。

5.2.7 预制梁施工

1. 操作流程

弹控制线→支撑体系搭设→预制梁吊装就位→预制梁吊装校正→预制梁上铁钢筋绑扎→混凝土浇筑。

2. 操作要点

1) 支撑体系搭设。预制楼梯平台板支撑采用扣件式钢管支撑体系搭设,同时根据楼梯平台板的标高位置将支撑体系的顶托调至合适位置处。

2) 预制梁吊装就位。预制梁采用预埋的两个吊环进行吊装,确认吊钩连接牢固后缓慢起吊。

待预制梁吊装至作业面上 500mm 处略作停顿,根据预制梁安装位置控制线进行安装。就位时要求缓慢放置,严禁快速猛放,以免造成预制梁震折损坏。

预制梁按照弹好的控制线对准安放后,利用撬棍进行微调,就位后采用 U 形顶托进行标高调整。

3) 预制梁吊装校正。预制梁吊装就位后根据标高及水平位置线进行校正。

4) 混凝土浇筑。叠合面上铁钢筋绑扎验收合格后进行混凝土浇筑。

3. 质量验收

1) 检验仪器:靠尺、水平激光仪、水准仪。

2) 检验操作:预制梁吊装取钩前,先使用水平激光仪放射出 1m 标高线,利用水准仪在板底部进行水平检验,如果发现梁底部不够水平,调节可调顶托,直到偏差在 ±3mm 以内即可验收。落位后进行复核,落位水平度偏差在 ±5mm 以内即可验收。

5.3 施工关键技术

5.3.1 转换层施工技术

1. 一般规定

1) 装配式结构转换层是装配式结构与现浇结构承前启后的重要部位,该部位施工安全、技术、质量控制事关后续装配式结构施工安全、质量、进度与效率,因此,务必予以重视并加强管控。

2) 转换层施工关键部位与重点环节控制内容

(1) 现浇墙体与预制墙体钢筋套筒连接的竖向钢筋定距定位与标高控制。

(2) 现浇墙体伸出楼层结构顶板竖向钢筋与楼层叠合板、阳台板、空调板等水平预制构件外伸且埋入楼层结构顶板现浇混凝土结构预留钢筋平面位置控制。

(3) 现浇混凝土结构顶板标高与平整度控制。

2. 操作要点

1) 与预制墙体主筋套筒所连接钢筋定距定位措施

图 5-33　与套筒连接一端钢筋采用无齿锯下料

（1）钢筋下料

与预制墙体主筋套筒所连接钢筋端头应采用无齿锯下料（图 5-33），切除钢筋原材端部马蹄形弯曲，做到与预制墙体套筒连接部位钢筋端部洁净、平直，钢筋端头与钢筋长度方向保持垂直。

（2）钢筋定距定位

① 钢筋放样

施工前，项目应采用 CAD（计算机铺助设计，有条件时可采用 BIM 技术）提前对与预制墙体主筋套筒直接连接的钢筋标高、位置、间距、数量等技术参数进行深化设计，确定连接钢筋距离、位置及标高控制相关参数，绘制钢筋定距、定位加工图。

② 模具选用

项目应根据与预制墙体主筋套筒直接连接钢筋的直径、位置、间距、数量与标高参数要求，提前加工用于钢筋定距、定位模具。模具优先采用整体刚度好、不易变形（损坏）、组合便捷且不受气候影响的工具式模具，如型钢（图 5-34）、复合多层板（图 5-35）模具。

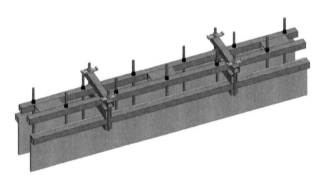

图 5-34　型钢钢筋定距、定位模具

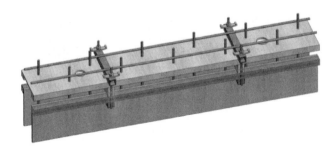

图 5-35　复合多层板模具

③ 模具加工

预制墙体主筋套筒直接连接钢筋定距、定位用模具应精细加工，用于钢筋定位的模具孔（穿越钢筋）直径＝钢筋直径 d ＋2mm，钢筋位置、间距偏差不得大于1mm。钢筋定距、定位模具在不影响钢筋定距、定位的原则下，模具表面尚应设置且满足混凝土施工所需浇筑振捣口（图5-36），混凝土浇筑振捣口宜按 $\phi80\sim100mm@600mm$ 设置。

图5-36 模具混凝土振捣口

④ 模具安装

转换层甩出楼层结构顶板且与预制墙体竖向主筋直接和套筒连接钢筋定距、定位用模具宜分二次先后安装。

钢筋定距、定位模具第一次安装主要作用为控制与预制墙体主筋套筒直接连接钢筋插入现浇转换层墙体钢筋初步定距、定位，模具应在转换层墙体模板安装后且墙体混凝土浇筑前进行。

钢筋定距、定位模具第一次安装的主要作用为控制与预制墙体主筋套筒直接连接钢筋插入现浇转换层墙体钢筋精准定距、定位，模具应在楼层结构顶板钢筋绑扎后、混凝土浇筑前进行。

钢筋定距、定位用模具安装位置宜以混凝土结构浇筑成型面上50～100mm为宜，模板安装平面位置与标高应准确、安装牢固（图5-37）。

⑤ 钢筋安装

钢筋级别、规格、型号、数量、间距锚固长度应严格按设计施工图、现行规范、标准及图集的要求设置与绑扎（图5-38）。钢筋安装时应确保与预制墙体套筒连接一端钢筋端头平直、无马蹄形弯曲（宜采用无齿锯切割一端），钢筋顶面标高应满足与预制墙体套筒连接所需长度，且用于直接预制墙体套筒连接钢筋保持同一高度，偏差控制在2mm以内。

图5-37 钢筋定距、定位模板安装

图5-38 插筋安装与检查

（3）施工工序控制

为便于与预制墙体主筋套筒连接钢筋在转换层现浇墙体中设置位置的准确，转换层现浇墙体与楼层现浇结构顶板混凝土浇筑宜分二次进行，如转换层现浇墙体与现浇楼层结构顶板混凝土一次浇筑，应有确保施工安全稳妥、钢筋插筋定距定位准确、竖向与水平构件混凝土级差控制等方面可靠的保障措施。

二次施工工艺：转换层定位措施设计及模具制作→钢筋下料→墙体钢筋绑扎→定位措施用模具安装→预制墙体套筒连接钢筋绑扎→墙体模板安装→墙体混凝土浇筑→顶板模板及支撑体系安装→顶板预制构件吊装校正→顶板叠合层钢筋绑扎→连接钢筋二次校正及二次定位→顶板叠合层混凝土浇筑。

2）转换层现浇墙体竖向外伸钢筋与楼层叠合板、阳台板等水平构件外伸钢筋位置碰撞控制措施

转换层现浇墙体竖向钢筋（含楼层梁箍筋）与楼层叠合板、阳台板等水平构件外伸钢筋往往因事前未认真策划，叠合板、阳台板等构件安装时其外伸钢筋与墙体竖向钢筋存在平面位置交叉、碰撞现象，并影响叠合板正常安装作业，更有甚者任意弯折预制构件外伸钢筋，形成重大质量隐患。

为避免上述现象，转换层施工前，项目部技术人员应根据转换层上预制墙体、叠合板、阳台等构件平面位置、标高与钢筋分布情况，采用CAD（有条件采用BIM）技术，对转换层现浇墙体竖向钢筋（含楼层洞口梁主筋、箍筋）位置作适当避让、调整与优化，并在转换层墙体竖向钢筋绑扎前提前与施工作业人员进行详细交流，提出具体要求，在转换层竖向钢筋绑扎、混凝土浇筑过程中加以有效管控。

3）楼层现浇结构标高与平整度控制措施

转换层楼层结构顶板标高与板面平整度偏差对预制墙体构件安装及预制墙体套筒与转换层钢筋灌浆连接质量控制影响很大，楼层标高与平整度控制不准，往往出现预制墙体与楼层间缝隙过大或过小，有的甚至出现墙体预制构件不能正常安装情况。

鉴于上述情况，项目施工人员应加以重视，并在转换层现浇结构顶板混凝土浇筑前、浇筑中认真做好楼层结构顶板混凝土浇筑标高与平整度测量、控制。

（1）楼层标高测设与控制

① 转换层楼层标高控制点宜在每个开间墙体转角（暗柱）钢筋上设置500mm标高控制点（间距不大于3m，控制点宜采用红色塑料胶布裹于钢筋表面）。

② 楼层结构顶板混凝土布料、浇筑与抹面应以标高控制点为基层进行拉线、量测控制。

（2）楼层平整度控制

为确保转换层现浇结构顶板表面平整度，在混凝土浇筑找平时，宜采用2500mm铝合金杠尺进行找平控制，尤其做好转换层预制墙体根部楼层平整度精度控制。

5.3.2 套筒灌浆技术

1. 一般规定

1）钢筋套筒灌浆连接应采用接头型式检验中相匹配的灌浆套筒、灌浆料。灌浆套筒、灌浆料应经检验合格后使用。施工中不得更换灌浆套筒、灌浆料，否则应重新进行

接头型式检验、工艺检验及材料进场检验。

2）套筒灌浆连接施工应编制专项施工方案和灌浆施工平面图，应明确分仓信息、对应构件信息。

3）灌浆施工记录表应体现灌浆仓编号和每个灌浆仓内所包含的套筒规格、数量、对应构件信息。

4）套筒灌浆连接施工的操作人员应经专业培训后持证上岗。

5）对首次施工，宜选择有代表性的单元或部位进行试安装和试灌浆。

6）施工现场灌浆料宜存储在室内，并应采取有效的防雨、防潮、防晒措施。

7）灌浆施工过程中应有专职检验人员及时形成施工质量检查记录，监理应旁站。

2. 常温套筒灌浆施工操作要点

1）主要材料

（1）灌浆套筒

应根据设计要求选用灌浆套筒，并应符合现行《钢筋连接用灌浆套筒》（JG/T 398）等国家有关标准的规定。

（2）灌浆料

施工温度高于5℃时，宜采用常温灌浆料。常温灌浆料性能应符合现行《钢筋连接用套筒灌浆料》（JG/T 408）和《钢筋套筒灌浆连接应用技术规程》（JGJ 355）的规定。

施工温度低于5℃时，应采用低温灌浆料。其性能应符合表5-3的规定。施工前，应按照现行《钢筋套筒灌浆连接应用技术规程》（JGJ 355）的规定，制作钢筋套筒灌浆连接试件，检测方法应符合该规程附录A～附录D的规定。

表5-3　低温灌浆料性能指标

序号	检验项目		单位	技术指标
1	−5℃流动度	初始流动度	mm	≥300
		30min流动度	mm	≥260
2	−5℃竖向膨胀率	3h	%	≥0.02
		24h与3h差值		0.02～0.5
3	抗压强度	−5℃养护1d	MPa	≥35
		−5℃养护3d	MPa	≥60
		−5℃养护7d后标准养护28d	MPa	≥85
4	氯离子含量		%	≤0.03
5	泌水率		%	0

（3）封仓砂浆

施工温度高于5℃时，宜采用常温封仓砂浆施工。

施工温度低于5℃，应采用低温封仓砂浆施工。施工时应采取防风保温措施保证封仓砂浆施工温度高于−5℃。

封仓砂浆应具有良好的触变性，抗压强度等级应不低于被连接构件混凝土的强度等级，其性能应符合表5-4的要求。

表5-4　封仓砂浆性能指标

项目		封仓砂浆技术要求	
		常温封仓砂浆	低温封仓砂浆
扩展度（mm）		130～170	130～170
抗压强度（MPa）	4h	—	≥20
	1d	≥35	≥35
	28d	≥65	—
	−5℃养护7d后标准养护28d	—	≥65

（4）封仓珍珠棉（PE条）

封仓珍珠棉表面应平整，无撕裂、破损、缩孔和严重污损等情况。

（5）水

拌和用水应符合现行《混凝土用水标准》（JGJ 63）的规定。

2）主要机具

（1）砂浆搅拌机

宜采用单次搅拌干粉量大于50kg的电动砂浆搅拌机。

（2）灌浆机

灌浆机应保证灌注浆体均匀、连续出浆，且有稳压保压功能，宜采用气动灌浆机。

（3）密封塞

灌浆孔和出浆孔的封堵宜采用橡胶密封塞。

3）操作流程

预制外墙吊装前PE条安装或砂浆分仓（根据施工方法选择）→墙体就位校正→制备封仓砂浆→封仓施工→制备灌浆料→灌浆施工及监测。

4）操作要点

（1）坐浆料封仓

① 预制构件就位后要及时分仓及封堵，采用电动灌浆泵灌浆时，按照墙体构件进行封仓，单仓长度不宜超过1.5m，大面积施工前应进行试验。

② 当采用连通灌浆时，预制内墙四边和外墙（除外侧）其余三边需要用专用坐浆料进行封堵。用坐浆浆料封堵时，宜采用干硬性砂浆（强度等级应满足设计要求），缝隙封堵应连接、严密。

③ 对预制墙体侧边暗柱部位缝隙封堵，为便于操作，宜采用直径大于缝隙宽度的电缆（灌浆作业完成后且在暗柱合模前抽出）进行封堵，封堵质量以不漏浆为宜，如图5-39所示。

④ 坐浆料封堵宜用小抹子在墙根将坐浆料抹成小八字。注意在使用坐浆料前用清水润湿需坐浆封堵的位置，在灌浆前不要扰动已抹好的坐浆料。

⑤ 坐浆料养护6～8h，常温下坐浆砂浆封仓完成12h的强度，能保证灌浆作业的顺

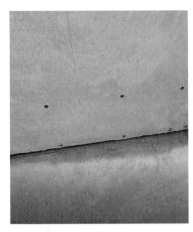

图 5-39 坐浆料封仓前后

利进行。

（2）制备浆料（图 5-40）

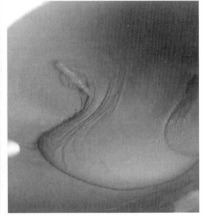

图 5-40 制备浆料

① 主要材料：灌浆料、水。

② 搅拌器具：测温仪、电子秤、量筒、刻度杯、截锥圆模。

③ 主要工具：灌浆机 ［图 5-41（a）］、灌浆枪、手推变速搅拌机 ［图 5-41（b）］、搅拌桶和橡胶塞。

④ 在预制墙体灌浆施工之前，对操作人员进行培训，明确该操作行为的一次性且不可逆，增强操作人员的质量意识。灌浆作业前，应按程序履行申请手续，填写"装配式结构套筒灌浆申请书"，经技术负责人确认通过后方可进行灌浆作业。

⑤ 按产品质量文件要求将全部拌合水加入搅拌桶中，然后加入灌浆料，搅拌均匀（3～4min)后静置 2min 排气，然后倒入灌浆泵中进行灌浆作业。

⑥ 浆体随用随搅拌，搅拌完成的浆体必须在 30min 内用完。灌浆过程中不得加水。

⑦ 在正式灌浆前将所有注浆口和排浆口塞堵打开，逐个检查各接头的灌浆孔和出浆

71

(a)   (b)

图 5-41　手推灌浆机、变速搅拌机

孔内有无影响浆料流动的杂物，确保孔路畅通。

（3）灌浆

① 将拌制好的浆料倒入灌浆机，启动灌浆机，待灌浆机嘴流出的浆液为线状时，将灌浆嘴插入预制墙板灌浆孔内，从每个仓的一端接头灌浆口进行灌浆，禁止两个灌浆口同时灌浆。

② 灌浆一段时间后，浆料先填充到底座，其他下排灌浆孔及上排出浆孔会逐个流出浆液，待浆液呈线状流出时，依次将溢出灌浆料的排浆孔及时用专用橡胶塞塞住，直至所有的排浆口全部溢出浆料时停止灌浆。灌浆施工结束后，对本层灌浆部位逐一进行检查，不得有漏注灌浆腔和套筒。

③ 经保压后拔除灌浆泵（枪），立即进行封堵。同一仓应连续灌浆，不得中途停顿。散落的浆料不得二次使用，剩余的拌合物不得再次添加浆料、水后混合使用。

④ 灌浆完毕后立即清洗搅拌机、搅拌桶、灌浆筒等器具，以免灌浆料凝固，清理困难。注意灌浆筒需每灌注完成后清洗一次，清洗完毕后方可再次使用。所以在每个班组灌浆操作时必须至少准备三个灌浆筒，其中一个备用。同时清理排浆孔溢出浆液，恢复至灌浆施工前清洁度。

⑤ 灌浆操作全过程应有专职人员负责旁站监督留存影像资料。

⑥ 灌浆完成后12h内，预制墙板不得受到振动、冲击等影响，横向构件连接部位的混凝土浇灌也应在1d后进行。灌浆料同条件养护试件抗压强度达到35N/mm² 后，方可进行对接头的后续施工。临时固定措施的拆除也应在灌浆料抗压强度能确保结构达到后续施工承载要求后进行。

3. 低温套筒灌浆施工操作要点

装配式结构冬期施工的重点是低温套筒灌浆施工，灌浆施工的核心工作是必须确保灌浆料在养护达到临界强度前不受冻，这是冬期施工成败的关键。因此施工物资的配备、工艺措施的调整，以及升温、保温、监测等措施的选择都对装配式结构冬期施工有重要的影响。

1）主要材料

依据灌浆料和坐浆料施工环境要求，冬期施工时应选用低温灌浆料与低温坐浆砂浆。

（1）低温灌浆料

根据《钢筋连接用高性能灌浆料》企业标准要求，施工环境温度为−5～15℃。应使用低温灌浆料，施工时采取防风、保温、加温等措施使套筒部位温度为−5～10℃，当环境温度日最高温度大于15℃时禁止使用。专用低温型灌浆料性能指标见表5-5。

表 5-5　专用低温型灌浆料性能指标

序号	检验项目		单位	技术指标
1	−5℃流动度	初始流动度	mm	≥300
		30min 流动度	mm	≥260
2	−5℃竖向膨胀率	3h	%	≥0.02
		24h 与 3h 差值		0.02～0.05
3	抗压强度	−5℃养护 1d	MPa	≥35
		−5℃养护 3d	MPa	≥60
		−5℃养护 7d 后标准养护 28d	MPa	≥85
4	氯离子含量		%	≤0.03
5	泌水率		%	0

（2）低温坐浆砂浆

施工环境温度为−15～5℃时，可采用低温坐浆砂浆。施工时，应采用防风保温措施保证坐浆砂浆施工温度高于−5℃。专用低温坐浆砂浆性能指标见表5-6。

表 5-6　专用低温坐浆砂浆性能指标

序号	项目名称		技术要求
1	砂浆扩展度（mm）		130～170
2	抗压强度 （MPa）	4h	≥20
		1d	≥40
		−5℃养护 7d 后标准养护 28d	≥65

2）进场检验

（1）低温灌浆料

① 低温灌浆料同一成分、同一批号不超过 50t 为一批。

② 低温灌浆料进场时，厂家应提供产品合格证、使用说明书、产品质量检测报告。需要注意的是，三者所涉及灌浆料生产厂家、名称、规格、型号、生产日期等相关信息

应互为统一。

③ 低温灌浆料保质期为 3 个月，应在出厂后 3 个月内使用，出厂超 3 个月，应进行复试，合格后方可使用。

④ 低温灌浆料试验项目为流动性（初始、30min）、抗压强度（1d、3d、7d 转 28d）、竖向膨胀率（3h、24h 与 3h 差值）。

⑤ 灌浆料抗压试块试验：每工作班取样不得少于一次，每楼层取样不得少于三次。灌浆施工现场制作 40mm×40mm×160mm 的试块 3 组，同条件养护 2 组，测试 1d 抗压强度及 3d 抗压强度；同条件 7d 转标养 28d 强度 1 组。

⑥ 低温型灌浆料试验温度为（−5±15）℃，试验前将所有原材料在 −5℃ 的环境下冷冻 24h，拌合水使用 0℃ 的水。

（2）低温坐浆料

① 同一成分、同一批号不超过 50t 为一批。

② 低温坐浆砂浆进场时，厂家应提供产品合格证、使用说明书、产品质量检测报告。

③ 低温坐浆砂浆保质期为 3 个月，应在出厂后 3 个月内使用。

④ 低温坐浆砂浆试验项目为砂浆扩展度、抗压强度（4h、1d、7d 转 28d）。

⑤ 采用坐浆料拌合物制作 40mm×40mm×160mm 试件随机抽取。

⑥ 低温型坐浆砂浆试件成型时，材料、模具、搅拌锅应在 −5℃ 的环境温度条件下静置 24h，按照产品说明书给出的配合比配制并搅拌，拌和出砂浆浆体温度应为 −5~5℃。

3）施工工艺及要求

（1）后灌浆工艺流程

施工准备→外墙外侧电伴热设置→墙体吊装→墙体现浇节点钢筋、模板施工→墙体二次调整→现浇节点混凝土施工→顶板支撑体系安装→顶板构件吊装→施工区域封闭及机具保温→环境温度加热→顶板钢筋、水电管线布设→顶板混凝土浇筑→顶板保温→内、外墙分仓封闭坐浆→灌浆仓位预热工艺试验→灌浆仓位预热→灌浆施工→养护测温→保温措施解除。

（2）后灌浆工艺要求

① 调整工艺流程应征得建设单位、设计单位、监理单位同意，并由临时固定斜撑提供单位对支撑、斜撑、垫片等验算、复核，确定能满足后灌浆工艺施工要求后方可施工。

② 墙体构件垂直度、位置在现浇节点钢筋和模板施工中易发生变化，尤其是外墙构件，造成水平、竖向接缝不一致。施工中的要求如下：

a. 调整斜撑自身间隙，减小非施工偏差；

b. 控制模板支设对墙板造成的变形，严禁使用撬棍撬动、大锤敲砸、用力拉拽等操作；

c. 混凝土浇筑前检查墙体变形情况，并对墙板进行二次微调，使变形的墙板归位。

③ 后灌浆对斜撑的支撑力度要求较高，楼板上斜撑埋置螺母会因强度不够而损坏，主要是预制楼板间现浇带部位的螺母。施工中的要求如下：

a. 斜撑螺母采用在预制顶板构件上留置；

b. 加强现浇带部位螺母定位的准确性和牢固性，增加或增大附加钢筋直径；

c. 控制顶板下加热温度，并在吊装墙板前采用回弹仪检测顶板强度，确保强度达到10MPa以上后方可吊装。

4）操作要点

（1）外墙外侧电伴热设置

外墙外侧加热可采用电伴热，设置于PE棒内侧。装配式结构竖向墙体安装前，电伴热应随同PE棒一起设置在墙体根部外侧夹芯保温板上，如图5-42所示。

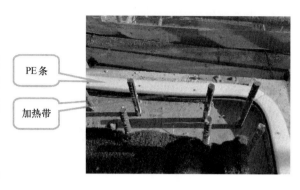

图5-42　电伴热设置

（2）施工区域封闭及机具保温措施

① 施工区域封闭保温

可采用彩条布、棉毡、木模板等材料对门窗洞口进行封闭保温。

② 施工机具保温

搅拌机及灌浆泵可使用泡沫棉包裹机身进行保温；注浆管可采用伴热管包裹管路，使之温度介于5～10℃。

（3）环境温度加热措施

① 施工区域加热

对工作区域加热，确保封闭灌浆施工前环境温度控制在10～15℃；灌浆过程中及灌浆后，每2h测温一次，确保养护温度≥5℃，灌浆料强度达到35MPa后方可停止测温，并填写表5-7。

表5-7　装配式混凝土结构冬期灌浆施工工作区温度记录表

工程名称					工程部位			
加热方法					测温方式			
测温日期			各测温点温度（℃）						
月	日	时	点1	点2	点3	点4	点5	点6	点7	点8
施工单位									
测温员		专业工长			专业技术负责人				

注：1. 灌浆施工前，每30min测温一次，连续三次温度稳定在10℃以上；
　　2. 灌浆过程中及灌浆后，每2h测温一次，至强度达到35MPa后，可停止测温。

② 工作区域加热

根据现场大气温度，选择是否需要进行工作区域加热，用热风机或其他方式对灌浆仓位和套筒加热，确保灌浆前灌浆套筒及灌浆仓内温度5～10℃。灌浆前，温度稳定在5℃以上后方可组织灌浆作业；灌浆时，停止热风机加热。

（4）材料预热

灌浆材料应在封闭正温的库房或工作面上放置48h以上后方可使用。

（5）温度控制

在灌浆料配置前，对浆料温度进行温度试配，控制灌浆料浆体温度在5～10℃为宜，并填写表5-8。

表 5-8　装配式混凝土结构冬期灌浆砂浆作业记录表

| 序号 | 使用部位 | 构配件编号 | 灌浆砂浆复试 | 施工环境温度（℃） | 作业区域温度（℃） | | 灌浆料拌和开始时间 | 出料温度（℃） | 灌浆完成时间 |
					分仓	墙体			

工程名称		施工单位		测温员	
操作员		专业工长		专业技术负责人	

（6）内、外墙分仓封闭坐浆

① 现浇节点墙侧封堵采用橡胶条，直径≥30mm，在墙体吊装时留置，挤压密实。

② 采用低温坐浆砂浆勾缝，顶板浇筑完成且室内温度达到5℃以上后方可施工。

（7）灌浆仓位预热工艺试验

灌浆仓预热需做工艺试验，确保停止预热后套筒及与灌浆仓接触部位的混凝土得到充分预热。通过工艺试验，确定预热设备功率、热风量、加热时间、分仓长度等指标。

（8）灌浆仓位预热、测温

使用热风机或其他方式对套筒及灌浆孔道进行预热，控制内部温度在5～10℃。

（9）灌浆施工

冬期灌浆施工工序同常温施工，但是需要注意的是灌浆分仓宜按照每块墙板作为一个灌浆仓来进行灌浆施工，这样利于灌浆仓预热。

灌浆施工前提交"装配式结构套筒灌浆申请书"，批准后方可实施。

（10）养护测温、保温措施

① 灌浆料硬化热能补偿养护

当养护温度低于5℃时，采用PE条内侧的应急备用伴热带对墙体热敷加热。

② 灌浆施工过程中和完成后，对套筒及连通腔测温，确保温度稳定在5～10℃，并填写表5-9。

表 5-9 灌浆养护测温记录表

工程名称										
部位					养护方法		测温方式			
测温时间			各测孔温度 （℃）					平均温度 （℃）	间隔时间 （h）	备注
月	日	时	点 1	点 2	点 3	点 4	点 5	点 6		
施工单位										
专业技术负责人				专业工长			测温人员			

注：本表由施工单位填写；冬期灌浆施工养护测温宜 1h/次。

（11）保温措施解除

根据《建设工程冬期施工规程》（JGJ/T 104—2011）要求，参考冬期混凝土临界强度规定，强度等级等于或高于 C50 的材料，不宜小于设计强度等级的 30%，采用 1d 同条件试块，即同条件试块强度达到 35MPa 后，可拆除保温措施，停止热风机加热，并随同门窗封闭材料和灌浆保温设备转移至上层结构。

（12）温度实施监测标准

依据灌浆料和坐浆料施工环境要求，确定施工时温度实施标准。冬期施工时重点监测温度及标准见表 5-10。

表 5-10 温度实施标准

序号	项目	温度实施标准
一	低温型灌浆料	
1	暖棚内温度	10～15℃
2	套筒内温度	5～10℃
3	浆料温度	5～10℃
4	达到临界强度前的养护温度	≥5℃
二	低温坐浆砂浆	
1	暖棚内温度	10～15℃
2	浆料温度	5～10℃

4. 灌浆饱满度检测要点

1）主要机具

（1）传感器

传感器尺寸应与出浆孔内径相匹配，可顺利从出浆孔置于灌浆套筒内设定位置，置入后不得影响灌浆过程的出浆。传感器最大断面面积不得超过出浆孔断面面积的三分之一。

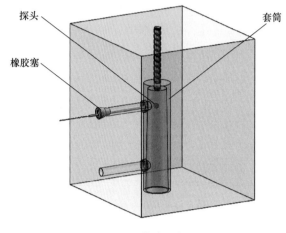

图 5-43　传感器布置

（2）检测仪

检测仪应具备灌浆过程中饱满性实时监测和浆体硬化后饱满性检测的功能。

2）传感器布置

应在灌浆前将传感器插入出浆孔中，应保证传感器伸入出浆孔底部或连接钢筋位置，并应采用专用橡胶塞固定传感器。

布置传感器垂直灌浆套筒时，应保持传感器测试面与水平面垂直，以及专用橡胶塞的排气孔朝上（图 5-43）。

3）灌浆饱满性监测

灌浆前应编制灌浆饱满性监测专项方案，灌浆过程中应按照专项方案进行灌浆饱满性监测，并应符合下列规定：

（1）监测前应检查检测仪器和传感器工作是否正常；

（2）监测前应将工程名称、楼号、楼层、灌浆套筒所在构件编号、监测人员信息录入检测仪；

（3）监测宜在灌浆结束 5min 后、灌浆料初凝前进行；

（4）灌浆饱满性监测数据应形成存档资料；

（5）监测抽测按楼层划分检验批，每楼层（检验批）抽样监测的数量应不少于预制构件总数的 10％，且每个构件抽样监测的套筒数量应不少于 2 个。传感器宜布置于灌浆仓两端的钢筋套筒中。

4）灌浆饱满性判定

应符合《装配式住宅建筑检测技术标准》（JGJ/T 485—2019）要求。

5）不饱满套筒处理

对监测到的不饱满套筒，应及时查明原因并进行处理，应符合下列规定：

（1）由于渗漏原因造成的不饱满套筒，可对漏浆点封堵后进行补灌；渗漏严重不能及时封堵处理的套筒，应停止灌浆，拆除构件重新封仓和安装。

（2）对非渗漏原因造成的不饱满套筒，可立即进行补灌，并应对补灌过的套筒进行灌浆饱满性复测。

5.3.3　外墙瓷板反打预制构件整体吊装技术

本技术适用于"外墙瓷板反打预制构件"及"非外墙瓷板反打预制构件"的装配式结构工程。

1. 操作流程

转换层墙体钢筋绑扎、免抹灰模板支设→喇叭口式钢筋定位模具安装→转换层混凝土浇筑→装配层叠合板三脚架安装→叠合板吊装→叠合板现浇板带模板支设→顶板上铁铺装、可调螺母及其他预留预埋件安装→喇叭口式钢筋定位模具二次安装→顶板混凝土浇筑→外墙瓷板反打构件运输→进场验收、卸车、存放→作业面放线机器人水平标高、定位控制线检测→外墙瓷板反打构件逐件逐层推进吊装（快速引导件＋视频定位跟踪设备）→外墙瓷板反打构件初调→外墙瓷板反打构件精调（放线机器人配合）→内墙板吊装、调整→墙柱核心区、现浇段钢筋绑扎、模板支设→混凝土浇筑→灌浆→叠合板三脚架安装→从叠合板吊装循环至结构封顶。

2. 操作要点

1）标准化模具研发

（1）喇叭口式钢筋定位模具

喇叭口式钢筋定位模具是标准化、定型化产物，模具框架采用 50mm×50mm×3mm 空腹方管焊接而成，自重轻。其中间采用独特的镂空设计，确保混凝土浇筑时振捣棒使用无限制。框架上下两端根据墙体钢筋位置采用 20mm 高比钢筋大一个型号的"喇叭口套管"设计，形成"上下大、中间小"的结构样式，在施工中能有效避免混凝土浇筑及振捣时钢筋松动、位移、下沉等现象。模具样式如图 5-44 所示。

混凝土浇筑前，在喇叭口上下两端钢筋上缠上透明胶带，不仅能有效防止钢筋污染，而且在退模时更为便捷，不会因用力撬、掰模具而减少使用寿命，大幅度提高了施工

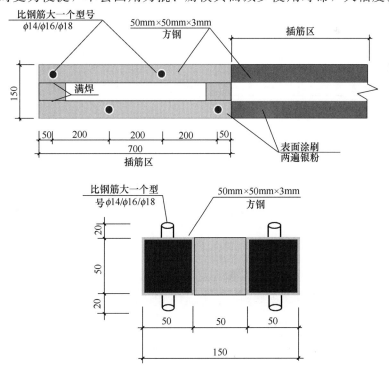

图 5-44 喇叭口式钢筋定位模具加工

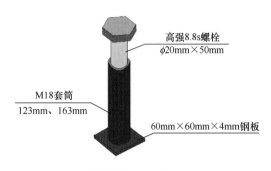

图 5-45 可调螺母

效率。

（2）可调螺母

可调螺母属于标准化埋件，其底座采用 60mm×60mm×4mm 钢板制作；中部套筒根据顶板厚度分为 120mm、160mm 等多种；底座与中间套筒进行焊接，形成倒 T 形；顶部可调部位选用 φ20mm×50mm 高强螺栓，如图 5-45 所示。

根据装配层钢筋甩槎的样式及尺寸大小，可调螺母数量的使用分为一字形、L 形、T 形三种。

一字形根据尺寸长短分为 4 类：

第一类（≤400mm）：可调螺母数量为 1 个。

第二类（>400mm，≤900mm）：可调螺母数量为 2 个。

第三类（>900mm，≤2200mm）：可调螺母数量为 3 个。

第四类（>2200mm）：可调螺母数量为 4 个。

L 形需在拐角、端部位置设置可调螺母，一般情况下为 3 个。

T 形与 L 形类似，在端部设置即可，一般情况下为 3 个。

具体放置位置如图 5-46 所示。

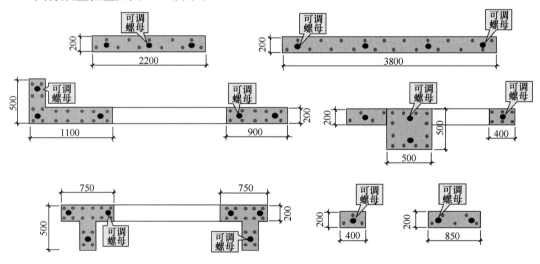

图 5-46 可调螺母使用范围

全钢制作的标准化"可调螺母"埋件，底座直接预埋在顶板内，不会产生各种位移现象，其可靠性高。与传统"坐浆料＋钢垫片"相比没有冬期施工限制，能快速、精确地控制墙体标高，提高安装效率，提升安装质量。

（3）快速引导件＋视频定位跟踪设备＋放线机器人

墙体吊装前，制作标准化、定型化"快速引导件"，如图 5-47 所示。通过采用放线机器人快速将控制线、标高抄测完毕，利用视频定位跟踪设备实时跟踪构件位置，确保墙体吊装精度。

与常规测量相比，采用测量机器人后现场定位更为准确、快速，避免了人为的累计误差。加上运用快速引导件和视频实时成像系统，不仅增加了项目科技施工含量，又能更加快速地将预制墙板引导入位，提高施工效率。

2）安装工艺流程

（1）水平定位

墙体吊装前，提前将二维 CAD 图导入放线机器人终端，利用放线机器人快速、准确地将整层的控制线和标高抄测完毕。标高抄测时，通过旋转事先预埋在顶板内的可调螺母高强螺栓来调节墙体标高，将精度控制在 2mm 以内，从而完成水平方向的测量定位。

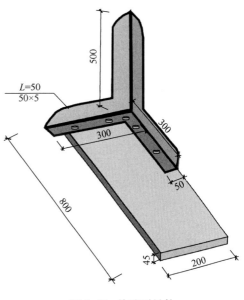

图 5-47　快速引导件

（2）垂直定位

墙体吊装入位前，将制作好的简易"快速引导件"放在墙体两端。当墙体下降至 500mm 左右时，放慢下降速度，通过接触"快速引导件"角钢光滑面，引导构件快速进入既定位置等待对孔。待构件下降至距地 300mm 时，通过定位摄像头实时跟踪，让信号工、塔司能实时可见现场吊装情况，从而实现预制墙体与预留钢筋的精确对位。

（3）初调

对位完成后，临时加固斜撑及连接件进行初调。

（4）精调

精调前，将三维 BIM 模型导入放线机器人终端，在构件四角粘贴红外线反射点。现场工人根据放线机器人中的模型与实物的吻合度来调节墙体斜撑，直至重合，最终完成垂直方向的精调。

3）质量验收

（1）吊装质量的控制是装配整体式结构工程的重点环节，也是核心内容，主要控制重点在施工测量的精度上。为达到构件整体拼装的严密性，避免因累计误差超过允许值使后续构件无法正常吊装就位等问题的出现，吊装前须对所有吊装控制线进行认真的复检。

（2）吊装前根据吊装顺序检查构件顺序是否对应，吊装标识是否正确。按照安装图和事先制定好的顺序进行吊装，一次逐块进行安装，形成一个封闭的外围护结构。

（3）吊装外墙板时，根据墙板上预理的吊钉数量采用两点或四点起吊。

（4）吊装人员在作业时必须分工明确，注意协调合作意识。指挥人员需指令清晰，不得含糊不清。

（5）预制构件安装施工质量应符合《装配式混凝土结构工程施工与质量验收规程》（DB11/T 1030—2013）的规定。

（6）预制构件进场前应具有产品合格证、预制构件混凝土强度报告、预制构件保温材料性能检测报告、预制构件面砖拉拔试验报告等质量证明文件，且预制构件的外观不应有明显的损伤、裂纹。

（7）预制构件连接材料应具有产品合格证等质量证明文件。预制构件进场时，预制墙板明显部位必须注明生产单位、构件型号、质量合格标志；预制构件外观不得存有对构件受力性能、安全性能、使用性能有暗中影响的缺陷，不得存有影响结构性能和安装、使用功能的尺寸偏差。

（8）预制构件进场验收合格存放时，应确保构件存放状态与安装状态相一致，且堆放顺序应与施工吊装顺序及施工进度相匹配。

（9）预制构件安装尺寸应符合"预制构件安装尺寸的允许偏差及检验方法"的要求。

5.3.4 接缝部位施工（密封胶）

1. 一般规定

1）外墙接缝防水构造应满足设计要求，设计无要求时，应满足下列要求：

（1）预制外墙板竖向缝宜设置竖向空腔构造，并在空腔内设置竖向排水措施。

（2）预制外墙水平缝宜设置反槛和水平空腔构造，与竖向空腔连通，通过竖向排水措施将空腔内积水排出至室外。

2）预制外墙板拼缝连接采用防水建筑密封胶，施工应符合下列规定：

（1）施工用密封胶、背衬材料，应完成进场验收，密封胶应经复试合格后方可使用。

（2）施工前，接缝内空腔应清理干净，保持干燥。预制构件构造节点存在破损、拼缝尺寸偏差等缺陷的，应出具接缝处理方案，经处理满足设计要求后，方可组织拼缝连接施工。

（3）按设计要求填塞背衬材料。

（4）水平缝、竖向缝密封胶的注胶厚度、宽度应满足设计要求，且宽度与厚度的比值应满足密封胶使用说明书要求。

（5）密封胶应与预制构件粘接牢固，不得漏嵌和虚粘。

（6）密封胶嵌填应饱满密实、均匀顺直、表面光滑连续。

2. 操作流程

接缝清理及缺陷处理→背衬材料安装→防护胶带粘贴→底涂处理→排水管安装→密封胶配置→密封胶填充→平整密实处理→撕掉胶带后的周边处理。

3. 操作要点

1）主要材料

（1）密封胶

装配式外墙接缝采用改性硅酮密封胶，底胶采用配套底涂。材料进厂时附带材料合格证、材质证明文件，并及时上报监理组织复检。不合格产品严禁使用。

（2）清洁剂

清洁剂主要作用：一是用作去除被粘接物体表面油分和胶水，二是用作施工后清洗工具的药剂。

清洁剂应选择对被粘接物体及其周边的材料不构成损害，也不会减弱其粘贴性能的材料制作。

（3）背衬材料

背衬材料是为调整控制合适的填充深度或是在需要双面注胶施工的情况下使用的。施工时按设计要求安装背衬材料，一般采用聚乙烯泡沫棒条。

2）主要机具

外墙吊篮、搅拌机、胶枪、壁纸刀等。

3）施工前期处理

（1）施工前，检查接缝部位表面的状态及缝隙深度等，发现缺陷及时向监管人员汇报。

（2）接缝表面上存在缺损或隆起时，会使密封胶涂抹不均匀、接缝宽窄不一致。施工前，需安排专人对其进行修缮处理，确保接缝注胶均匀、粘接牢固、线条整齐。

（3）清除粘接阻碍因子，如水分、灰尘、油分、胶粘剂、矿渣、乳浆、锈等。

4）背衬材料的安装

（1）背衬材料安装填充前，先对接缝宽度及深度进行确认。

（2）密封胶填充的深度应符合设计和产品要求的尺寸。缝隙的深度经测量确认达到施工条件后方可进行隔离材料的安装。

（3）背衬材料安装填充后如被雨雪淋湿，应再次填充或等待干燥后方可进行下道工序。

5）粘贴防护用胶带

（1）为了防止施工中接缝周边污染和保持工程的整洁，防护用胶带是保护受底涂溶液影响及阳光直射而软化的胶粘剂不能残留在接缝上而使用的。

（2）在底涂涂布前粘贴，密封胶填充后立即撕除。

6）底涂处理

（1）为更好地粘接，首先在接缝处表面进行底涂（均匀涂布）。

（2）底涂涂刷后，放置干燥 10min，如表面有污垢或灰尘，应先除去异物再进行涂刷。

（3）底涂涂刷后的放置干燥时间应严格遵守产品说明书要求。超过规定时间，需再次进行涂布。

7）密封胶的混合

（1）如密封胶为双组分，即由基胶和固化剂构成，一般按比例配套，施工前，直接将固化剂全部倒入基胶内即可，使用搅拌机进行混合搅拌。

（2）混合搅拌应在 10min 以上，并使其搅拌均匀。

8）密封胶的填充

（1）胶枪填充

搅拌好的密封胶使用刮刀和吸入式胶枪进行填充。采用胶枪吸入填充时，不可以混入空气。

（2）缝隙填充

保持一定的速度充分加压填充，使密封胶到达施工缝隙的底部（隔离材料的地方）。

（3）交叉缝隙填充

交叉缝隙及边缘地区填充时，尽量做到不出现气泡。

9）平正密实处理

接缝施胶完毕后，用刮刀挤压接缝做平正密实处理。沿胶枪填充方向或反方向用刮刀按压一次，再往回压一次。

10）后期处理

胶填充完成后，迅速去除防护用胶带。如接缝处附着着密封胶，应在硬化前用清洁溶剂将其去除；已经硬化的，用刮刀刮落，并用甲苯溶液认真擦拭。

11）排水管安装

排水管用于装配式外墙接缝间导水。为避免外墙渗水等情况发生，应安装排水管：

（1）接缝内部产生积水现象，致使外墙漏水；

（2）易产生露水凝结现象，对外叶板产生不利影响；

（3）外墙胶局部出现断裂、剥离现象，排水管可避免存水、凝结。

安装要求：外墙每3层安装一根排水管，高度为300～500mm，角度应向下20°，确保水可自然流出。

5.3.5 机电工程施工

传统现浇结构机电专业的施工顺序一般为结构预留、预埋→支、吊架安装→管道安装→功能性试验→防腐绝热施工。在结构施工期间，机电专业就要配合土建专业进行预留、预埋的工作，在模板上留洞，在钢筋中穿管、固定，留接线盒，可以说机电专业施工是和结构施工交织在一起的。

《装配式混凝土建筑技术标准》（GB/T 51231—2016）要求设备与管线系统宜与主体结构分离。目前装配式建筑机电安装体系主要采用明装体系和暗装体系。

明装体系：顾名思义就是机电管线明露安装，这种做法施工、维护方便，造价低，但影响美观。

暗装体系：一种是在预制或现浇结构楼板、墙体、建筑垫层内安装机电管线，管线装在垫层中和预制构件中，给后期的维护带来不便；另一种是机电管线布置在吊顶、架空地板、墙体与装饰层的空腔内，使管线和结构实现分离。这种做法机电管线维护更新更方便，套内空间更灵活可变，具有较高的适应性，美观，但占用室内空间。

5.3.6 给水排水及供暖

预制构件上不宜过多地进行洞口预留，这样不但增加预制构件的复杂程度，而且无法做到标准化设计、标准化施工。应尽可能在深化设计时将给水排水、供暖、消火栓等管道布置在公共现浇区域，一般做法是在公共区域设置的管道井采用现浇做法，管道布置在管井中，考虑管道间距、保温做法及日后的维修要求。公共管井布置如图5-48所示。

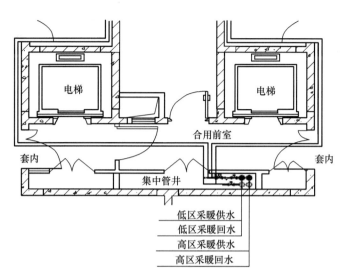

图5-48　公共管井布置

当必须在预制构件上进行预留、预埋时，应对各系统管道进行排布，确定各系统管道位置、标高，并结合土建结构进行定位，合理解决各专业管道碰撞问题。图5-49为预制楼板留洞与配筋。

给水管道预留洞和预埋套管做法应根据室内或工艺要求及管道材质的不同确定。给水管道穿越承重墙或基础时应预留套管，管顶上部净空高度不得小于建筑物的沉降量，一般不小于0.1m；穿越地下室外墙处应预埋刚性或柔性防水套管；穿越楼板、屋面时应预留套管，一般无保温管道的孔洞或套管大于管外径两个规格，可参照表5-11。

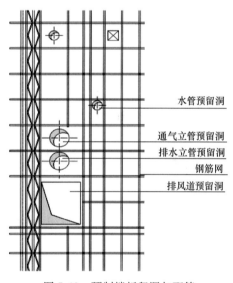

图5-49　预制楼板留洞与配筋

表5-11　给水管预留普通钢套管尺寸（mm）

管道公称直径DN	15	20	25	32	40	50	备注
钢套管公称直径DN100	32	40	50	50	80	80	适用于无保温
管道公称直径DN	65	80	100	125	150	200	
钢套管公称直径DN100	100	125	150	150	200	250	适用于无保温

管道保温不能在穿越楼板、墙体时断开。保温管道的预留套管尺寸，应根据管道保温后的外径尺寸确定预留套管尺寸。

排水管道穿越承重墙或基础时应预留套管，管顶上部净空高度不得小于建筑物的沉降量，一般不小于 0.15m；穿越地下室外墙处应预埋刚性或柔性防水套管。

装配式建筑一般宜采用同层排水系统，以减少预制构件上的预留、预埋；当不采用同层排水系统、穿越卫生间楼板时，应预留孔洞，孔洞直径一般比管道外径大 50mm。排水器具及附件预留孔洞尺寸可参照表 5-12。

表 5-12　排水器具及附件预留孔洞尺寸（mm）

排水器具及附件种类	大便器	浴缸、洗脸盆、洗涤盆、小便斗	地漏、清扫口			
所接排水管管径	DN100	DN50	DN50	DN75	DN100	DN150
预留圆洞	200	100	200	200	250	300

给水排水管道穿越防火墙时必须设置钢制套管。给水排水管道穿过墙壁和楼板时应设置金属或塑料套管。安装在楼板内的套管，其顶部应高出装饰地面 20mm；底部应与楼板底面相平；安装在墙壁内的套管，其两端与饰面相平。穿过楼板及墙壁的套管与管道之间的缝隙应用阻燃密实材料和防水油膏填实，端面光滑。图 5-50、图 5-51 为管道穿楼板、屋面套管做法和楼板留洞做法。

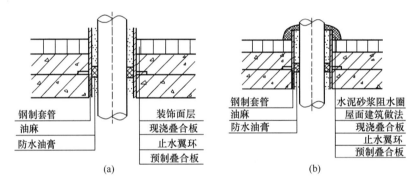

图 5-50　管道穿楼板、屋面套管做法
（a）管道穿楼板做法；（b）管道穿屋面做法

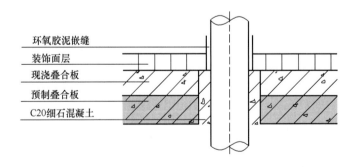

图 5-51　管道穿楼板留洞做法

建筑给水排水及供暖工程的附件预留孔洞不易施工时，可采用直接预埋聚苯板的方法。直接预埋的给水排水管件可设置在屋面、空调板、阳台板上，包括地漏、雨水斗、局部预埋管道等。

装配式混凝土建筑设置分体式空调或户式中央空调时,其室外机的安装应考虑与建筑一体化室外机一起安装在预制空调板、设备阳台上,并根据室外机尺寸确定空调板、设备阳台尺寸;室外机也可采用空调钢制支架方式安装(应在预制外墙上预留安装支架的孔洞)。

5.3.7 建筑电气

预制结构构件中宜预埋管线或预留沟、槽、孔、洞的位置,预留预埋应遵守结构设计模数网格,应不在围护结构安装后剔凿沟、槽、孔、洞。预制构件上为设备及其管线敷设预留的孔洞、套管、坑槽应选择在对构件受力影响最小的部位。当利用预制构件中的钢筋做防雷引下线或接地线使用时,应在构件表面的合适位置预留钢板等预埋件,预留的钢板应按照要求与构件内利用的钢筋可靠连接,形成电气通路。

预制构件在工厂加工时,在混凝土浇筑前,应按要求对预制构件内预埋的电气管线、接线盒及灌浆套筒、预留孔洞等进行隐蔽工程检查,这是保证预制构件满足电气功能的关键质量控制环节。

1. 电气管线在预制叠合板内安装

装配式混凝土结构建筑中电气管线可采用在架空地板下、内隔墙及吊顶内敷设,受条件限制必须采用暗敷设时,宜优先选择在叠合楼板的叠合层或建筑找平层中暗敷设。电气管线和弱电管线在楼板中敷设时,应做好管线的综合排布,同一地点避免两根以上电气管路交叉敷设。电气管线宜敷设在叠合楼板的现浇层内,叠合楼板现浇层的厚度通常只有70mm左右,综合电气管线的管径、埋深要求、板内钢筋等因素,最多只能满足两根管线的交叉。所以要求暗敷电气管线进行综合排布。

电气线路布线可采用金属导管或塑料导管,但需直接连接的导管应采用相同的管材。明敷的消防配电线路应穿金属导管保护,且金属导管应采取防火保护措施。

线缆保护导管暗敷时,外护层厚度应不小于15mm;消防配电线路暗敷时,应穿管并应敷设在不燃烧结构内且保护层厚度应不小于30mm。

以预制叠合楼板为例,图5-52、图5-53为预制叠合板内预留接线盒做法一,图5-54和图5-55给出了全预制阳台板和预制叠合板照明线路敷设做法。

无论有无地暖,接线盒都应采用深型灯头盒,以防止灯头盒过浅埋入预制构件中。

叠合楼板内导管敷设应符合下列规定:

1)叠合楼板内导管叠加敷设不宜超过2层,上层为金属导管时应煨成灯叉弯,上层为塑料导管时其表面应采取保护措施;

2)桁架钢筋内的导管应排列整齐,每隔1m宜用铅丝绑扎牢固;

3)导管终端与灯头盒连接采用锁母固定时,导管端部露出的锁母丝扣宜为2~3扣,管口光滑,护口齐全;

4)桁架钢筋内并排敷设的导管间距应不小于25mm,防止出现空鼓、裂缝现象;

5)叠合楼板内消防导管埋设深度与建筑物、构筑物表面的距离应不小于30mm。

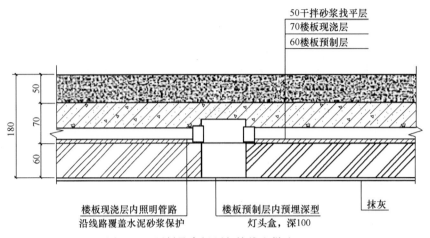

图 5-52　预制叠合板预留接线盒做法（一）

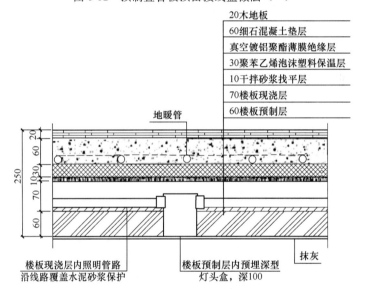

图 5-53　预制叠合板预留接线盒做法（二）

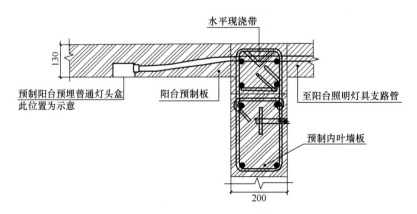

图 5-54　全预制阳台板照明线路敷设做法

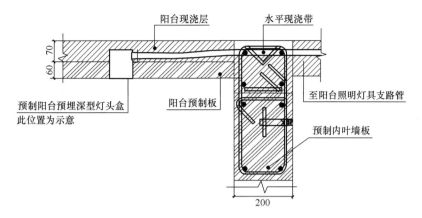

图 5-55　预制叠合板照明线路敷设做法

2. 家居配电箱、家居配线箱在预制墙体内安装

户内的家居配电箱、家居配线箱和控制器是每户或每个功能单元的电源和信号源头的分配所在，集中有大量的电气进出管线。对装配式混凝土结构建筑，家居配电箱、家居配线箱和控制器宜尽可能避免安装在预制墙体上。当无法避让时，应根据建筑的结构形式合理选择这些电气设备的安装形式及进出管线的敷设形式。

当设计要求箱体和管线均暗埋在预制构件时，还应在墙板与楼板的连接处预留出足够的操作空间，以方便管线连接的施工。为方便和规范构件制作，在预制墙体上预留的箱体和管线应遵照预制墙体的模数，在预制构件上准确和标准化定位，如电源插座和信息插座的间距、插座的安装高度等要求应在设计说明中予以明确。图 5-56 和图 5-57 给出

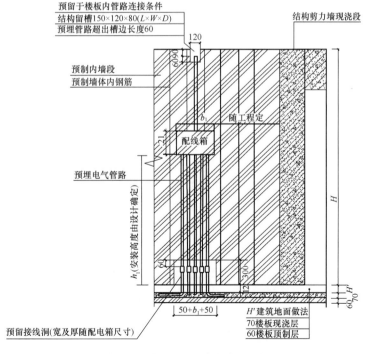

图 5-56　家居配电箱预埋及其管路连接做法（一）

了家居配电箱不同安装高度管路连接做法。

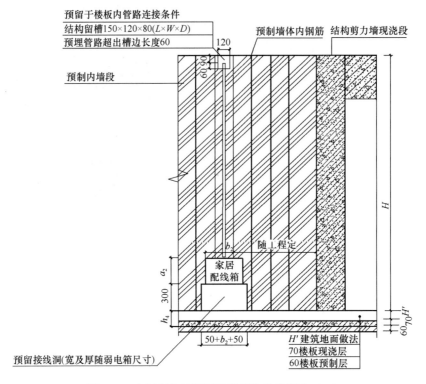

图 5-57　家居配电箱预埋及其管路连接做法（二）

凡在预制墙体上设置的终端配电箱、开关、插座及其必要的接线盒、连接管等均应由结构专业进行预留预埋，并应采取有效措施，满足隔声及防火的要求，不宜在房间维护结构安装后凿剔沟、槽、孔、洞。

剪力墙内配电箱模具安装应符合下列规定：

1）根据装配式剪力墙体设计的厚度、配电箱箱体的外形尺寸等加工配电箱箱体模具；

2）模具内侧左右表面宜大于箱体外表面 50～100mm，模具内侧上下表面宜大于箱体外表面 150～200mm，模具内腔采用填充物填充；

3）预埋导管的端部应露出模具内腔表面 50～80mm，管口封堵严密；

4）模具安装位置、标高等应正确，混凝土强度达到 70% 以上方可拆除模具。

3. 电气管线在预制墙体内安装

在预制构件中暗敷的管线应不影响结构安全，例如管线应不敷设在预制构件的接缝处。水平接缝和竖向接缝是装配式结构的关键部位，为保证水平接缝和竖向接缝有足够的传递内力的能力，竖向电气管线不宜设置在预制剪力墙内。当竖向电气管线设置在预制剪力墙或非承重预制墙板内时，应避开剪力墙的边缘构件范围，并应统一设计，将预留管线标注在预制墙板深化图上。图 5-58 和图 5-59 为插座、开关预埋接线盒及其管路连接做法。

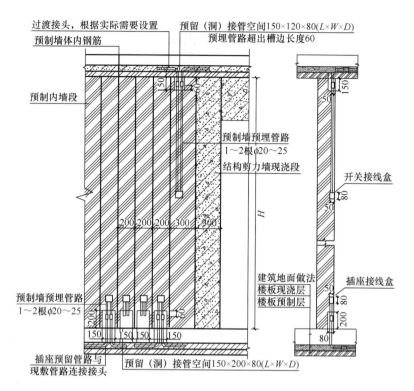

图 5-58 插座、开关预埋接线盒及其管路连接做法（一）

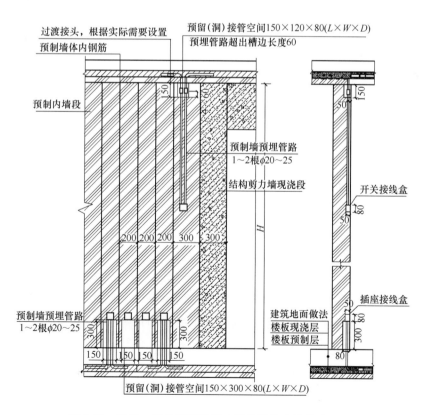

图 5-59 插座、开关预埋接线盒及其管路连接做法（二）

图 5-58、图 5-59 中所示接线盒和管路与预制段边的距离需满足结构专业要求,本图设计应大于等于 300mm。插座应布置在钢筋之间,钢筋间距应符合结构钢筋模数要求,图中按每个间距 200mm 为模数设计。插座下预留接线槽,接线盒与接线槽之间预埋 1~2 根 $\phi 20 \sim \phi 25$ 管路,预埋宜超出槽边 60mm,用于与水平现敷管路连接。预制墙体预留插座接线连接口尺寸可根据实际工程定。

预制墙板内导管敷设应符合下列规定:

1) 应在两层钢筋网之间合理布置路由,并沿钢筋内侧进行绑扎固定,导管宜每隔 1m 用铅丝绑扎牢固;

2) 竖向相邻内墙板内需上下接驳的导管,在竖向相邻墙板对接处预埋 200mm × 250mm × 100mm 填充物,以便导管间准确连接;

3) 预留接线盒、配电箱洞口时,应对预留接线盒、配电箱洞口内预埋导管端部采取封堵,并用填充物对洞口进行封堵;

4) 预埋导管与叠合楼板内的导管连接,需预留长度为 100~200mm 操作空间,并沿竖向钢筋绑扎固定,管口端部应采取封堵措施;

5) 导管埋设深度与建筑物、构筑物表面的距离应不小于 15mm;

6) 预制内墙板吊装就位后,应对墙板上预留位置进行核对,电气预留导管、接线盒、配电箱位置、标高等应符合设计要求。

装配式混凝土结构建筑中,电气管线的接口应采用标准化的接口。预制构件内导管的连接技术在满足预制构件的连接方式的同时,还应做到安全可靠、方便简洁。装配式混凝土结构建筑中沿叠合楼板、预制墙体预埋的电气灯头盒、接线管及其管路与现浇相应电气管路连接时,应在其连接处预留接线足够空间,便于施工接管操作,连接完成后用混凝土浇筑预留的孔洞。

5.3.8 防雷与接地

装配式混凝土结构建筑防雷接地系统的接地电阻值与非装配式混凝土结构建筑相比并无特殊要求,与现行国家标准的要求是一致的,而且通常也采用共用接地系统,重点在于防雷接地系统的具体做法与非装配式混凝土结构建筑有所不同。

装配式混凝土结构建筑大多数利用建筑物的钢筋作为防雷装置。目前,采用的连接措施还是比较传统的。如何更有效、更方便地实现"构件之间连接成电气通路"既满足功能和规范要求,又减少施工难度和工作量,此技术还有待进一步研究提高。

目前,在工程设计中通常采用下面的做法:装配式混凝土结构建筑屋面的接闪器、引下线及接地装置在可以避开装配式主体结构的情况下可参照非装配式混凝土结构建筑的常规做法;难以避开时,需利用装配式混凝土剪力墙边缘构件内部满足防雷接地系统规格要求的钢筋作引下线及接地极,以及在预制装配式结构楼板等相应部位预留孔洞或预埋钢筋、扁钢,并确保接闪器、引下线及接地极之间通长、可靠连接。如若利用钢筋做防雷引下线,就要把两段剪力墙边缘构件钢筋用等截面钢筋焊接起来,达到贯通的目的。选择剪力墙边缘构件内的两根钢筋做引下线时,应尽量选择靠近剪力墙内侧,以不影响安装。

如不利用剪力墙边缘构件内钢筋做防雷引下线，也可采用 25×4 扁钢做防雷引下线，两根扁钢固定在剪力墙两侧，靠近剪力墙引下并与基础钢筋焊接。

不管是剪力墙内钢筋作引下线还是利用扁钢作引下线，都应在设有引下线的剪力墙室外地面上 500mm 处设置接地电阻测试盒，测试盒内测试端子与引下线焊接。此处应在工厂加工剪力墙时做好预留。

建筑物的防雷引下线、等电位联结等预制加工应与预制构件工厂化生产同步进行，接地装置与防雷引下线、接闪带之间应做可靠的电气连接，其接地装置的材料规格型号、接地电阻值均应符合设计要求。

此外，装配式混凝土结构建筑的外墙基本采用预制外墙技术，预制外墙上的金属门窗通常有两种做法：一是门窗与外墙在工厂整体加工完成；二是金属窗框与外墙一起加工完成，现场单独安装门窗部分。无论采用哪种方式，当外窗距离地面高度在 4.5m 以上时，金属窗框和百叶需要与防雷装置连接，在预制墙板中预埋应不小于 25mm×4mm 的镀锌钢带，一端与铝合金窗、金属百叶焊接，另一端与预制构件的引下线系统连接。

6　施工安全

6.1　施工专项方案论证

装配式混凝土结构工程施工应根据相关规定对涉及的分部分项工程编制《装配式混凝土结构施工安全专项施工方案》。

在装配式结构施工前需要编制《装配式结构工程施工组织设计》《预制构件吊装方案》《模板及支撑施工方案》《灌浆施工方案》《冬季灌浆施工方案》。其内容应包括：

1. 工程总承包单位或施工单位应当组织对施工组织设计进行专家评审，重点审查施工组织设计中技术方案可靠性、安全性、可行性，包括技术措施、质量安全保证措施、验收标准、工期合理性等内容，并形成专家意见。施工组织设计发生重大变更的，应按照规定重新组织专家评审。

2. 施工组织设计专家组应当由结构设计、施工、预制混凝土构件生产（混凝土制品）、机电安装、装饰装修等领域的专家组成，成员人数应当为 5 人以上单数，其中属地（直辖市、省级）装配式建筑专家委员会成员应不少于专家组人数的 3/5，结构设计、施工、预制混凝土构件生产（混凝土制品）专业的专家各不少于 1 名。建设、工程总承包（未实行工程总承包项目的设计、施工单位）、监理及预制混凝土构件生产等相关单位应当参加。

6.2　装配式构件的运输及存储措施

1. 应按规格、品种、使用部位、吊装顺序分别设置存放场地。存放场地应在吊车的有效起重范围内且不受其他工序施工作业影响的区域，并设置通道。预制构件运送到施工现场后，按规定场地进行存放。

2. 预制构件存放场地应进行硬化处理，保证其平整坚实，并有排水措施。预制构件堆放区四周宜设置防护栏杆，高度应不小于 1.5m。

3. 预制构件卸车时，应设专人指挥，操作人员应处于安全位置。

4. 预制构件卸车时，应根据预制构件种类，采取对称卸料等保证车体平衡的措施，防止构件移动、倾倒、变形。

5. 预制墙板可采用插放或靠放的方式进行存放。存放时预制墙板宜对称靠放、饰面朝外，并应与地面保证稳定角度。预制墙板插放支架可采用扣件式钢管搭设，插放架操作面须设置不小于 500mm 宽的行走通道及 1.2m 高的防护栏杆，支架应有足够的强度、刚度和抗倾覆能力,并支垫稳固。

6. 预制板类构件可采用叠放方式存放,构件层与层之间应垫平、垫实,各层支垫应上下对齐,最下面一层支垫应通长设置,叠放层数不宜大于 5 层,并应根据需要采取防止堆垛倾覆的措施。

6.3 装配式构件的吊装要求及风险点

1. 吊装作业前,应用醒目的标识和围护将作业区隔离,严禁无关人员进入作业区内,作业前应清除吊装范围内的障碍物。夜间不宜作业。

2. 吊装前应检查作业环境、吊索和防护用品,吊具无缺陷,捆绑正确、牢固,被吊物与其他物件无连接,做到班前专人检查并记录,确认安全后方可作业。

3. 吊装预制构件应制作专用的吊装钢梁进行吊装。吊装时保证吊钩与钢梁之间钢丝绳水平夹角不小于 60°且应不小于 45°。钢梁与预制构件之间的钢丝绳保证竖向垂直。

4. 预制构件吊装应采用慢起、稳升、缓放的操作方式;起吊后应依次逐级增加速度,应不越挡操作。

5. 预制构件吊装时,应系好牵引绳以控制构件转动。

6. 预制构件起吊时吊索必须绑扎牢固,绳扣必须在吊钩内锁牢,严禁用板钩钩挂构件。

7. 严禁作业人员在吊起的构件上行走或站立,严禁在已吊起的构件下面或起重臂下旋转范围内作业或行走。起吊时应匀速,不得突然制动。回转时动作应平稳,不得做反向动作。

8. 对起吊物进行移动、吊升、停止、安装时的全过程应采用对讲机进行指挥,信号不明不得启动,上下联系应相互协调。

9. 吊起的构件不得长时间悬挂在空中,应及时安装就位或临时降落到安全位置。

10. 预制构件应有防风紧固措施,防止刮大风时失稳。大雨、大雪、大雾及风力五级以上等恶劣天气禁止进行预制构件吊装就位施工作业。已就位的预制构件应将斜撑安装齐全、牢固到位。作业人员严禁在已吊装至作业面构件临时支撑尚未安装到位的情况下撤离现场。

11. 在吊装时,专职安全管理人员应旁站监督。

6.4 装配式构件安装过程中的风险点及控制措施

1. 应根据预制构件的形状、尺寸、重量和作业半径等要求选择吊具和起重设备,所采用的起重设备、吊具、索具、钢丝绳等器具应符合国家现行有关标准、规程的要求;自制、改造、修复和新购置的吊索具,应按国家现行相关标准的有关规定进行设计验算或试验检验,并经验证合格后方可使用。

2. 起吊前检查吊索具,确保其保持正常工作性能。吊具螺栓出现裂纹、部分螺纹损坏时，应立即进行更换，确保吊装安全。

3. 吊装前，应在作业区树立明显的标识，拉警戒线，并派专人看管，严禁与吊装作业无关的人员进入。

4. 吊点数量、位置应经计算确定，保证吊具连接可靠，并应采取保证起重设备的主钩位置、吊具及构件重心在竖直方向上重合的措施。

5. 应根据预制构件形状、尺寸及质量要求选择适宜的吊索具，在吊装过程中，吊索水平夹角应不小于 45°；尺寸较大或形状复杂的预制构件应选择设置分配梁或分配桁架的吊索具，并应保证吊车主钩位置、吊具及构件重心在竖直方向重合。

6. 应采用慢起、稳升、缓放的操作方式，吊运过程中应保持稳定，不得偏斜、摇摆和扭转，严禁吊装构件长时间悬停在空中。

7. 吊装大型构件、薄壁构件或形状复杂的构件时，应使用分配梁或分配桁架类吊具，并应采取避免构件变形和操作的临时加固措施。

8. 吊装作业开始后，应在定期检查的基础上，加强日常对预制构件吊装作业所用的工器具、吊索具的巡检，如有异常应及时处置。

9. 构件吊装应按照施工方案规定的安装顺序进行。在起吊过程中，构件不得与堆放架发生碰撞。

10. 构件起吊至距地 200～300mm 处略作停顿，检查起重机的稳定性、制动装置的可靠性和绑扎的牢固性等，检查构件外观质量及吊环连接无误后方可继续起吊。在距作业层上方 600mm 处略作停顿，施工人员在保证安全操作前提下，可以手扶墙板，控制墙板下落方向。

11. 预制构件安装时，临空一侧必须采取防护措施。安装高处连接件时应采用高凳或操作架，作业应符合高处作业条件，施工作业人员必须使用安全带。安全防护措施应符合"安全防护"相关规定。

12. 预制构件安装过程中需要焊接时应采取必要的防火措施，焊接作业人员必须持特种作业操作证。

13. 吊装人员要服从指挥号令，严禁违章作业。严格执行"十不吊"的原则。

14. 吊装工每组应设置 1 个专职吊装安全员，负责吊装安全管理，在吊装前对吊具、锁具等进行专项检查，吊装时进行旁站。

6.5　装配式支撑体系安全控制风险点

1. 预制构件初步吊装就位后应及时安装临时支撑及固定措施，经相关人员验收完毕并确认同意后方可进行预制构件与吊具的分离。

2. 梁板中的斜撑预埋件宜设置在叠合楼板预制底板上。当斜撑预埋件设置在现浇混凝土上时，宜设置在钢筋网片下方并满足锚固要求，在现浇混凝土抗压强度达到 10MPa 之后方可安装竖向预制构件。

3. 水平预制构件的临时支撑基础应坚固可靠，满足设计要求。混凝土强度未达到

7.5MPa前，不得在其上安装临时支撑。

4. 预制墙板的临时支撑宜采用可调斜撑及其配套连接件，预制墙板应在同侧设置可调斜撑，斜撑应按受力均匀的原则布置且不少于两组，每组斜撑应包括底部斜撑和上部斜撑。斜撑垂直投影宜与构件底部边线垂直，上部斜撑与地面夹角宜控制在45°～60°。墙板上部斜撑的支撑点与底部的距离不宜小于构件高度的2/3，且应不小于构件高度的1/2。

5. 竖向预制构件连接部位的后浇混凝土及灌浆料强度达到设计要求，且在装配式结构能够达到后续施工承载要求后，方可拆除临时支撑及固定措施。

6. 水平构件安装时，施工荷载应均匀布置，应不超过设计荷载。水平构件应在后浇混凝土达到设计强度要求后方可拆除龙骨和配套支撑。当设计无具体要求时，应符合相关规定。

7. 预制阳台板、空调板安装前搭设支撑宜用可调独立钢支撑，且应设置水平拉接与结构墙体形成可靠连接。

8. 预制阳台板临时支撑应完成上三层阳台板施工，且后浇混凝土达到100%设计强度要求后方可拆除。

6.6 装配式结构防护体系控制点

6.6.1 外防护架（图6-1）

图6-1 外防护架

1. 根据工程特点编制"架体专项施工方案"，涉及超过一定危险性较大规模的外防护架应按规定组织专家论证。

2. 高层建筑宜采用外爬架防护，同时首层设置水平安全网，外挑6m。

3. 多层建筑宜采用双排脚手架进行防护。

6.6.2 安全防护

1. 施工楼面叠合板外侧脚手架设置高度应不小于1.2m的防护栏杆，横杆不少于2

道，间距不大于 600mm，立杆间距不大于 2m，挡脚板高度不小于 180mm，立挂密目安全网防护，并用专用绑扎绳与架体固定牢固，护栏上严禁搭设任何物品；作业层脚手板必须铺满、铺稳、铺实，距墙面间距不得大于 200mm，作业层操作面下侧必须设置一道水平安全网。

2. 脚手架分段施工有高差时，端部必须设置高度不小于 1.2m 的防护栏杆，并立挂密目安全网。脚手架两榀之间缝隙不得大于 150mm，脚手架安装到位后，水平、竖向缝隙应防护严密。

3. 坠落高度基准面 2m 及以上进行临边作业时，应在临空一侧设置防护栏杆，并应采用密目式安全立网或工具式栏板封闭。

4. 尚未安装栏板的阳台、无女儿墙的屋面周边、框架楼层周边、斜道两侧边，必须设置高度不小于 1.2m 的防护栏杆，并立挂密目安全网。

5. 装配式结构多层建筑宜采用双排落地式脚手架防护；高层建筑宜采用外爬架或自动升降平台进行防护，外爬架或自动升降平台在升降过程中作业面严禁施工。

6. 楼梯间在未安装预制楼梯时，采用临时钢爬梯，必须设高度不小于 1.2m 的防护栏杆，便于人员通往上一层施工作业面，爬梯、定型平台应能随施工进度同步提升。图 6-2 为钢制定型踏步。

图 6-2 钢制定型踏步

6.6.3 脚手架

1. 落地组装式脚手架、附着式升降脚手架设计与搭设应满足相关规范架体构造要求。

2. 落地组装式脚手架架体一次搭设高度应不超过最上层连墙件两步，并且自由高度应不大于 4m，当无法满足时应暂停作业或改用其他防护措施。

3. 附着式升降脚手架与预制构件结构的锚固点必须经设计确认并提前与构件生产厂家确定预留孔位置，原则上不得现场开孔。

4. 当附着式升降脚手架无法随结构同步升降时应暂停临边施工作业或采取其他有效防护措施后方可继续施工。

5. 带有保温层的预制外墙板宜在附墙支座处增加垫板以保护预制墙板，且附着式升降脚手架应进行承载力、变形、稳定性计算。

6. 附着式升降脚手架架体悬臂高度应不大于6m，爬架在静止状态下应确保3道附墙支座，升降过程中应确保2道附墙支座。

7. 外爬架或自动升降平台等架体在使用前必须严格执行作业指令书、安装验收制度、升降前后检查制度、定期保养制度等。

8. 外爬架或自动升降平台等架体外排必须布满安全网，最底层和第三层必须按要求进行封闭，架体底部与墙体之间用翻板封严。架体垂直地面3m以内为警戒区，升降作业时扩大警戒区。严禁任何人员进入警戒区。

9. 外爬架或自动升降平台等架体施工层操作面下方净空距离3m内必须设置一道水平安全网，下方每隔10m设置一道水平安全网。

10. 外爬架或自动升降平台等架体在使用过程中应做好架体自身的接地、漏电保护。

6.7 垂直运输设备附着风险控制点

1. 在选择塔式起重机位置时要充分考虑塔式起重机附着位置，做到安全、合理、经济，减少非标准附着杆件。如必须采用非标准附着情况，必须由具有相应钢结构设计、加工资质的单位对非标准附着件进行深化设计与加工。

2. 塔式起重机附着锚固点不得设置在竖向预制外墙板上，宜设置在竖向现浇节点（暗柱、现浇剪力墙）上，或通过其他方式与楼板采取有效连接锚固。塔式起重机与主体结构的附着方式应进行深化设计，并征得结构设计人员同意。

3. 在选择塔式起重机位置时，应考虑塔身与锚固点之间的拉结杆的角度（$450°\sim600°$），并能使塔式起重机附着杆件避开障碍，实现与结构有效、可靠连接。

6.8 装配式结构灌浆施工风险点控制

1. 套筒灌浆主要设备有搅拌机、空压机、压力罐。

2. 使用搅拌机时应设专人负责管理，严禁加料，并定期进行维护保养。使用完毕后应认真冲洗，不得有灰渣硬化在搅拌机中。

3. 使用空压机时应设专人负责管理。操作人员应经过培训后上岗。设备运行前，检查设备气泵安全阀、液压油油位等是否工作正常，确保设备完好，严禁设备"带病"工作。使用设备时，必须保证气泵压力在安全工作压力范围内。设备使用完毕，切断电源，卸除气缸内压力，清理设备。

4. 压力罐使用时应设专人负责管理，使用前应检查设备顶部的进气阀、排气阀密闭性和出浆孔及管道通畅性，确保阀门有效，出浆管通畅。投料完毕清理好封口处，避免漏气。封口后须对称旋紧螺栓。设备使用完毕，应认真清理，确保每次使用后设备清洁且管路通畅。

5. 墙体注浆24h后同时灌浆料同条件试块达到35MPa后拆除墙体斜撑，确保墙体不发生位移、倒塌现象。

6.9　装配式结构特殊工种要求

1. 项目部应根据装配式结构工程的管理和施工技术特点，对管理人员和作业人员进行专项培训和交底。

2. 装配式预制混凝土构件施工的塔式起重机司机、信号工等特种作业人员应经过专业培训并持证上岗，预制构件安装工人及灌浆工人应进行专项培训且考核合格后方可上岗。

3. 施工作业人员按照规定配备安全防护用品，施工现场设置安全防护设施。

7 BIM 技术应用

近年来，BIM、物联网、云计算等技术得到了大力发展，将装配式建筑与企业 ERP 等平台相结合，基于全产业链、全生命期，打通设计、生产、施工等环节，对优化流程、提高建筑质量、提升生产效率、降低项目成本有重大意义。国际组织 Building SMART 也在制定 IFC4precast 标准。

装配式建筑通过将工厂化生产引入建筑行业，在实现建筑行业"两提两减"的同时，也引入了制造行业完善的 ERP、MES 等信息化管理体系。随着 ERP 等信息化系统的广泛应用，建筑行业长久以来以图纸作为主要沟通手段的局面被打破，同时各种自动、半自动生产设备投产。今天的建筑行业已经产生庞大数据消费需求，以 BIM 为数据源、以 RFID 为数字标识、以 ERP 为资源计划、以 MES 为设备接口的信息化管理模式已经初具雏形。

7.1 深化设计阶段 BIM 应用

预制构件深化设计是指在施工图基础上，结合建筑、结构、机电、装配式装修等专业设计资料，考虑预制构件堆放、脱模、运输、吊装和安装等工况，并考虑施工顺序及支架拆除顺序的影响，是对设计工作的进一步延伸。深化设计的实施主体主要为预制构件厂，也可为原设计单位或其他具备设计能力的相关单位。其深化设计主要内容包括：

1）预制构件设计详图，包括平、立、剖面图，预埋吊件及其他埋件的细部构造图等；

2）预制构件装配详图，包括构件的装配位置、相关节点详图及临时斜撑、临时支架的设计成果等；

3）施工方法，包括构件制作、装配的施工及检查验收方法，装配顺序的要求、临时斜撑及临时支架的拆除顺序的要求等。

国内用于预制构件深化设计的 BIM 软件主要有 Autodesk Revit、Bentley-ProStructures、Trimble Tekla、Nemetschek Planbar、YJK AMCS、PKPM-PC 等软件，但目前 BIM 软件的设计效率还无法达到传统 CAD 的水平。下面以 Revit 为例，介绍装配式建筑深化设计阶段的 BIM 应用。

7.1.1 预制墙板建模

三明治外墙板主要由外叶板、保温板、内叶板、门窗洞口、暗柱钢筋、墙体钢筋、连梁钢筋等部件组成。收集预制墙板构件的样式、尺寸、洞口、埋件、钢筋等信息进行建模准备，分别绘制三层墙板的模型，添加相关参数对墙板形状和位置进行关联约束，绘制门窗洞口并添加相关参数控制洞口与墙板的位置关系，绘制钢筋并添加控制参数，添加其他模型属性，保存构件为族文件，载入项目文件进行测试，确认符合要求后，保存在族库中以重复使用，如图7-1所示。同类型墙板可以通过调整参数直接生成，避免重复建模，提升建模效率。

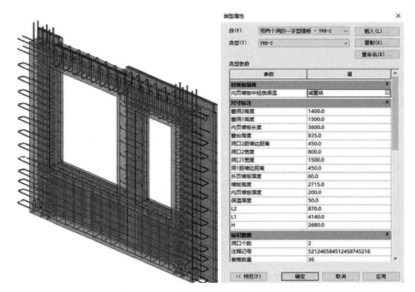

图 7-1 三明治预制墙板模型及其参数

7.1.2 叠合板建模

叠合板主要由预制混凝土板、桁架筋、双向受力筋（分布筋）及预留洞口等部件组成。收集相关信息（尺寸、厚度、标高、材质、洞口等信息），然后进行预制楼板、洞口及相关预埋件、钢筋建模再添加相关参数进行属性控制，最后赋予各构件相关属性并进行调试，符合要求后保存到族库中，当需要类似楼板时载入项目文件并修改参数直接生成楼板，如图7-2所示。

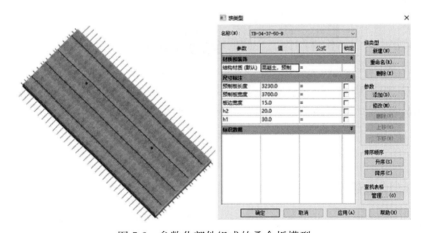

图 7-2 参数化部件组成的叠合板模型

其他预制构件，如女儿墙、阳台板等建模类似，模型如图7-3、图7-4所示。

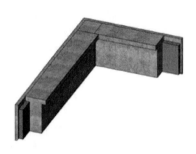 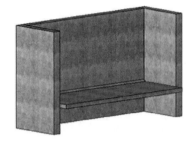

图7-3　女儿墙参数化预制构件　　　　　图7-4　阳台板参数化预制构件

7.1.3　临时支撑与模板建模

预制构件的临时支撑与现浇节点的模板是装配式结构的重要措施性工具，但在传统项目中，通过二维图纸的方式布置的临时支撑和模板在实施过程中经常出现碰撞问题，严重的会造成工期延误甚至出现安全隐患。通过在Revit模型中建立临时支撑及模板模型（图7-5），可以提前对碰撞问题（图7-6）进行处理，甚至使作业面和安装顺序都能有效地协调处理。

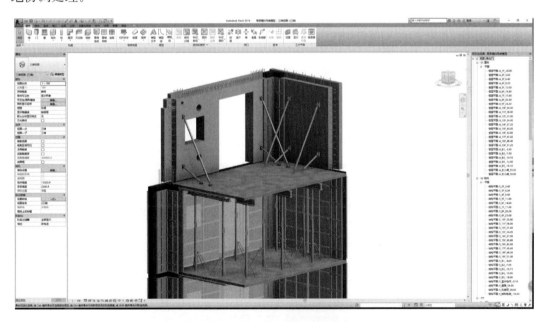

图7-5　临时支撑与模板模型

103

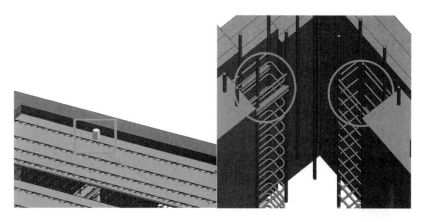

图 7-6   预制构件碰撞冲突

7.2   施工阶段 BIM 应用

目前，施工现场的信息化应用尚处于起步阶段，还缺乏架构合理，功能完善的问题，但已能满足施工现场大多参与方的各项需求，对施工现场形成有效管理的信息化系统。而预制构件在施工现场的管理内容和管理流程与构件厂内比较相似，通过对功能的调整和补充，已经能够很好地满足施工现场对预制构件的管理需求。下面以北京市燕通建筑构件有限公司研发的 PCIS 为例，介绍施工阶段 BIM 应用。

7.2.1   构件进场管理（图 7-7）

构件运输车辆进场时，可通过 RFID 芯片或车辆牌照识别系统自动更新构件进场信息，联动更新 PCIS 中相应构件的状态信息；质检人员通过手持扫描设备读取构件 RFID 芯片中构件规格尺寸等信息辅助进行构件进场验收工作，并将验收结果反馈到 PCIS 系统中，相关信息会立刻推送给相关人员，以便及时进行整改或备件调取等操作。

图 7-7   构件进场管理

7.2.2　构件存储管理（图 7-8）

由于施工现场的复杂性，构件在吊装时有时会发生该安装的构件放在了吊装设备工作半径外，或被堆放在了其他构件下面，需要进行二次搬运。为避免二次搬运，提高安装效率，需要提前对预制构件堆放位置进行安排，这是非常复杂的工作。通过对码放场地的统一管理和规划，将每个库位编码并绑定 RFID 卡，就可以通过 PCIS 系统实现对施工现场构件的高效管理，实现未来在安装过程中的快速定位，避免构件查找困难。

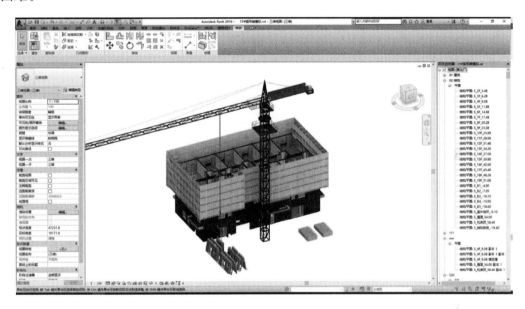

图 7-8　构件存储管理

7.2.3　技术交底

我国装配式建筑仍处于起步阶段，具备装配式混凝土建筑施工技术和管理知识的技术工程和管理的人员尚属于稀缺人才。在这种情况下如何有效地进行技术交底，就成为装配式建筑项目中的关键问题。

常规项目交底以图纸解说为主，但装配式建筑施工内容较为繁杂，包含安装流程、套筒灌浆工艺等内容，涉及多种新型工装机具。这些内容在图纸中少有表达，仅凭口述又很难表达清楚。为解决这一问题，很多项目采用视频的形式进行交底，但通过视频仅能对技术内容进行讲解，很难对施工的人员和劳务班组的人员是否掌握相关技术进行考核。通过将 BIM 技术与 VR 技术结合进行交底（图 7-9），能使体验者沉浸到虚拟施工现场，既可以基于模型对施工工艺进行动态模拟，也可以以交互方式对体验者进行施工工艺考核。

图 7-9   基于 VR 的技术交底

7.2.4 套筒灌浆质量管理

北京市住房和城乡建设委员会　北京市规划和国土资源管理委员会　北京市质量技术监督局《关于加强装配式混凝土建筑工程设计施工质量全过程管控的通知》（京建法〔2018〕6 号）中规定："工程总承包单位或施工单位应加强套筒灌浆连接质量控制。灌浆前，应在施工专职检验人员及监理人员的见证下，模拟施工条件制作相应数量的平行试件，进行抗拉强度检验，并经检验合格后方可进行灌浆施工。灌浆操作全过程应由施工专职检验人员及监理人员负责现场监督，留存灌浆施工检查记录（检查记录表格详见附件）及影像资料。灌浆施工检查记录应经灌浆作业人员、施工专职检验人员及监理人员共同签字确认。影像资料应包括灌浆作业人员、施工专职检验人员及监理人员同时在场记录。建设单位、工程总承包单位或施工单位应组织相关参建单位对灌浆施工工序进行抽查，并形成检查记录。"

PCIS 系统中下设微信子系统，通过"燕通"微信公众号中的"灌浆管理"菜单登录系统，用手机拍照后可以实时上传到信息化系统中，并生成表格资料，做到灌浆照片资料实时上传、随时下载打印形成纸质版资料进行存档，达到了准确锁定施工人员的要求，灌浆施工实现了精准追溯，能有效增强管理人员对灌浆施工质量检查的责任感。

8 施工质量验收

8.1 一般规定

1. 装配式施工质量验收均应在各相关主体单位自检合格的基础上进行；

2. 参加工程施工质量验收的各方人员应具备相应的资格；

3. 检验批的质量应按主控项目和一般项目验收；

4. 对涉及结构安全、节能、环境保护和主要使用功能的试块、试件及材料，应在进场时或施工中按规定进行见证检验；

5. 隐蔽工程在隐蔽前应由施工单位通知监理单位进行验收，并应形成验收文件，经验收合格后方可继续施工；

6. 对涉及结构安全、节能、环境保护和使用功能的重要分部工程，应在验收前按规定进行抽样检验；

7. 装配式构件及工程的观感质量应由验收人员现场检查，并应共同确认。

8.2 试验检验

项目应结合装配式结构项目实际，及时编制施工检测试验计划，重点对灌浆料进场复试、灌浆套筒型式检验、工艺检验等进行重点描述，经技术负责人审批通过后实施；施工现场应配备满足与装配式结构施工试验所需试验员及相关试验器具与设备。

8.2.1 材料进场检验

1. 常温型灌浆料

1）灌浆料必须与钢筋灌浆套筒连接型式检验报告中所用灌浆料一致。

2）同一配方、同一批号、同一进场批的灌浆料，不超过50t为一批。

3）灌浆料进场时，厂家应提供产品合格证、使用说明书、产品质量检测报告（报告内容：初始流动度，30min 流动度，1d、3d、28d 抗压强度，3h 竖向膨胀率，24h 与 3h 竖向膨胀率差值，泌水率）。

4）进场复试：灌浆料拌合物 30min 流动度，泌水率，1d、3d、28d 抗压强度（试件尺寸标准：40mm×40mm×160mm），3h 竖向膨胀率，24h 与 3h 竖向膨胀率差值。

5）灌浆料保质期为 3 个月，应在出厂后 3 个月内使用，超出 3 个月应按规定进行复试，合格后方可使用。

6）灌浆料技术性能要求见表 8-1～表 8-3。

表 8-1　灌浆料抗压强度要求

时间（龄期）	抗压强度（N/mm²）
1d	≥35
3d	≥60
28d	≥85

表 8-2　灌浆料竖向膨胀率要求

项目	竖向膨胀率（%）
3h	≥0.02
24h 与 3h 差值	0.02～0.50

表 8-3　灌浆料拌合物的工作性能要求

项目		工作性能要求
流动度（mm）	初始	≥300
	30min	≥260
氯离子含量（%）		≤0.03
泌水率（%）		0

灌浆料抗压强度试件尺寸应按 40mm×40mm×160mm 尺寸制作，其加水量应按灌浆料产品说明书确定，试件应按标准方法制作、养护。

2. 低温型灌浆料

1）当室外大气温度低于 5℃时，应使用专用低温型灌浆料。当环境日最低温度小于 −10℃或日最高温度大于 15℃时禁止使用。

2）低温型灌浆料同一成分、同一批号不超过 50t 为一批。

3）低温型灌浆料进场时，厂家应提供产品合格证、使用说明书、产品质量检测报告，报告内容如下：流动度（初始流动度，30min 流动度），抗压强度（室外大气温度低于−5℃养护 1d、3d、7d 后标养 28d），3h 竖向膨胀率，24h 与 3h 竖向膨胀率差值，氯离子含量，泌水率。

4）进场复试项目如下：流动度（初始流动度，30min 流动度），抗压强度（室外天气温度低于 −5℃养护 1d，3d、7d 后标养 28d），3h 竖向膨胀率，24h 与 3h 竖向膨胀率差值，氯离子含量，泌水率。

5）灌浆料保质期为 3 个月，应在出厂后 3 个月内使用，超出 3 个月应按规定进行复试，合格后方可使用。

6）专用低温型灌浆料技术性能要求，见表 8-4。

表 8-4 专用低温型灌浆料技术性能

检测项目		单位	性能指标
−5℃	初始流动度	mm	≥300
	30min 流动度	mm	≥260
抗压强度（−5℃）	养护 1d	MPa	≥35
	养护 3d	MPa	≥60
	养护 7d 后标养 28d	MPa	≥85
竖向膨胀率（−5℃）	3h	%	≥0.02
	24h 与 3h 差值	%	0.02～0.5
氯离子含量		%	≤0.03
泌水率		%	0

注：低温型灌浆料抗压强度试件尺寸应按 40mm×40mm×160mm 尺寸制作，其加水量应按产品说明书确定。

3. 常温型坐浆砂浆

1）坐浆砂浆施工温度高于 5℃时，宜采用常温坐浆砂浆施工。

2）同一成分、同一批号不超过 50t 为一批。

3）坐浆砂浆进场时，厂家应提供产品合格证、使用说明书、产品质量检测报告（报告内容：砂浆扩展度，1d、28d 抗压强度）。

4）进场复试：扩展度、抗压强度（试件尺寸标准：40mm×40mm×160mm）。

5）坐浆料保质期为 3 个月，应在出厂后 3 个月内使用，超出 3 个月应按规定进行复试，合格后方可使用。

6）坐浆砂浆技术性能要求见表 8-5。

表 8-5 坐浆砂浆性能指标

项目		技术要求
扩展度（mm）		130～170
抗压强度（MPa）	1d	≥35
	28d	≥65

4. 低温型坐浆砂浆

1）施工温度低于 5℃且室外最低气温高于 −15℃时，可采用低温型坐浆砂浆施工。施工时，应采用防风保温措施保证坐浆砂浆施工温度高于 −5℃。

2）同一成分、同一批号不超过 50t 为一批。

3）低温型坐浆砂浆进场时，厂家应提供产品合格证、使用说明书、产品质量检测报告（报告内容：砂浆扩展度，4h、1d 抗压强度，7d 后标养 28d 抗压强度）。

4）进场复试：扩展度，−5℃养护 4h 抗压强度，−5℃养护 1d 抗压强度，−5℃养护 7d 后标养 28d 抗压强度。

5）低温型坐浆料保质期为 3 个月，应在出厂后 3 个月内使用，超出 3 个月应按规定进行复试，合格后方可使用。

6）专用低温型坐浆砂浆技术性能指标见表 8-6。

表 8-6　专用低温型坐浆砂浆性能指标

序号	检验项目		技术指标
1	砂浆扩展度（mm）		130～170
2	抗压强度（-5℃） （MPa）	养护 4h	≥20
		养护 1d	≥40
		养护 7d 后标养 28d	≥65

5. 灌浆套筒

灌浆套筒由构件厂在灌浆套筒进场时组织检验（应抽取灌浆套筒检验外观质量、标识、尺寸偏差，同一批号、同一类型、同一规格的灌浆套筒，不超过 1000 个为一批，每批随机抽取 10 个灌浆套筒）。

6. 防水材料

预制外墙板外侧接缝应按设计要求选用相应密封材料，当设计无规定时应采用位移能力不低于 25％的低模量耐候建筑密封胶进行密封。耐候建筑密封胶与基层、背衬材料间应具有良好的相容性，以及规定的抗剪力和伸缩变形能力，还应具有防霉、防火、防水等性能。

1）耐候建筑密封胶进场时，厂家应提供出厂合格证、质量检测报告，并按规定见证取样复试。

2）进场复试项目为下垂度、表干时间、挤出性、适用期、弹性回复率、拉伸模量、质量损失率，见表 8-7。

表 8-7　耐候建筑密封胶进场复试要求

进场复试项目	组批原则	参见标准
下垂度 表干时间 挤出性 适用期 弹性回复率 拉伸模量 质量损失率	每 3t 为一批，不足 3t 也为一批	《建筑预制构件接缝防水施工技术规程》 （DB11/T 1447—2017）

3）现场试验：定伸粘接性、进水后定伸粘接性、冷拉-热压后粘接性。

4）耐候建筑密封胶施工时，环境温度应为 5～35℃，相对湿度应不大于 85％。

5）预制外墙板接缝处密封胶的背衬材料宜选用发泡闭孔聚乙烯塑料棒或发泡氯丁橡胶棒，直径宜为缝宽的 1.2～1.5 倍，密度宜为 24～48kg/m³。

6）橡胶空心气密条宜采用三元乙丙橡胶、氯丁橡胶或硅橡胶等高分子材料制成，其性能应满足现行国家标准《高分子防水材料　第 2 部分：止水带》（GB 18173.2）中 J 型产品的规定,直径宜为 20～30mm。

    7. 预制构件

    1) 预制构件进场时需要提供以下资料:

    (1) 预制构件的出厂合格证及相关质量证明文件,应根据不同预制构件的类型与特点,分别包括:混凝土强度报告、钢筋套筒灌浆连接接头复试报告、保温材料复试报告、面砖及石材拉拔试验、钢筋桁架检验报告、结构性能检验报告、外墙保温拉拔试验、外窗性能检验报告等相关文件。UHPC 板需提供混凝土抗压强度、抗拉强度、抗弯强度报告。

    (2) 原材料试验报告有钢材复试报告、外墙砖报告等(均应为外检报告)。

    (3) 拉结件锚入混凝土后的抗拉拔报告。

    (4) 全灌浆套筒钢筋接头的型式检验报告、工艺检验报告(常温、低温)。

    (5) 夹芯保温外墙板用保温板材(夹芯保温外墙板用保温板材,同厂家、同品种每 $5000m^2$ 为一个检验批,每批复试 1 次,复试项目为导热系数、密度、压缩强度、吸水率、燃烧性能,复试结果应符合设计和规范要求)。

    (6) 当无驻场监督时,预制构件进场时应对其主要受力钢筋数量、规格、间距、保护层厚度及混凝土强度等进行实体检验(检验数量:同一类型预制构件不超过 1000 个为一批,每批随机抽取 1 个构件进行结构性能检验)。

    (7) 预制构件退场及返厂记录要齐全并应与施工资料相对应。

    2) 预制构件进场时,预制构件结构性能检验应符合下列规定:

    (1) 梁板类简支受弯预制构件进场时应进行结构性能检验,检验项目见表 8-8。

表 8-8　梁板类简支受弯预制构件检验项目

构件类别	检验项目
钢筋混凝土构件	承载力
允许出现裂缝的预应力混凝土构件	挠度
	裂缝宽度
不允许出现裂缝的预应力混凝土构件	承载力
	挠度
	抗裂性
大型构件	裂缝宽度
有可靠应用经验的构件	抗裂性
	挠度
使用数量较少的构件	能提供可靠依据时,可不进行结构性能检验

    (2) 对其他预制构件,除设计有专门要求外,进场时可不做结构性能检验。

    (3) 对进场时不做结构性能检验的预制构件,应采取下列措施:

    ① 施工单位或监理单位代表应驻场监督生产过程。

    ② 当无驻场监督时,预制构件进场时应对其主要受力钢筋数量、规格、间距、保护

层厚度及混凝土强度等进行实体检验。

检验数量：同一类型预制构件不超过 1000 个为一批，每批随机抽取 1 个构件进行结构性能检验。

检验方法：检查结构性能检验报告或实体检验报告。

8. 保温材料

外墙板接缝处的保温材料，进场后应有厂家提供的检验报告、合格证及进场复试报告，复试项目见表 8-9。

表 8-9　材料进场复试要求

序号	材料名称	进场复试项目	组批原则	参见标准
1	模塑聚苯乙烯泡沫塑料板	导热系数、密度、抗压强度（压缩强度）	同厂家、同品种产品，当单位工程建筑面积在 20000m² 以下时抽查不少于 3 次；当单位工程建筑面积大于 20000m² 以上时抽查不少于 6 次	《建筑节能工程施工质量验收标准》（GB 50411—2019）、《建筑工程资料管理规程》（DB11/T 695—2017）
2	挤塑聚苯乙烯泡沫塑料板			
3	硬质聚氨酯泡沫塑料			
4	玻璃棉、矿渣棉、矿棉及其制品			
5	酚醛保温板			

9. PE 条、发泡棒等

PE 条、发泡棒等物资进场后应有厂家提供的检验报告、合格证。

以上物资进场检验合格后，填写"材料、构配件进场检验记录"，签字齐全后及时编目归档。

8.2.2　施工过程检验

1. 套筒灌浆连接接头

1）由接头提供单位提交所用规格有效型式检验报告。其验收时应注意以下内容：

（1）工程中应该用的各种钢筋强度级别、直径对应的型式检验报告应齐全，报告应合格有效。变径接头可由接头提供单位提交专用型式检验报告，也可采用两种直径钢筋的同类型型式检验报告代替。

（2）型式检验报告送检单位与现场接头提供单位应一致。

（3）型式检验报告中的接头类型，灌浆套筒规格、级别、尺寸，灌浆料型号与现场使用的产品应一致。

（4）型式检验报告应在 4 年有效期内，可按灌浆套筒进厂（场）验收日期确定。

注：以上内容摘抄自《钢筋套筒灌浆连接应用技术规程》（JGJ 355—2015）。

2）灌浆施工前，应对不同钢筋生产企业的进场钢筋进行接头工艺检验；施工过程中，当更换钢筋生产企业或同生产企业生产的钢筋外形尺寸与已完成工艺检验的钢筋有较大差异时，应再次进行工艺检验。接头工艺检验应符合下列规定：

（1）灌浆套筒埋入预制构件时，工艺检验应在预制构件生产前进行；当现场灌浆施工单位与工艺检验时的灌浆单位不同时，灌浆前应再次进行工艺检验。

（2）工艺检验应模拟施工条件制作接头试件，并应按接头提供单位提供的施工操作要求进行。

（3）每种规格钢筋应制作 3 个对中套筒灌浆连接接头，并应检查灌浆质量。

（4）采用灌浆料拌合物制作的 40mm×40mm×160mm 试件应不少于 1 组。

（5）接头试件及灌浆料试件应在标准养护条件下养护 28d。

（6）每个接头试件的抗拉强度、屈服强度、3 个接头试件残余变形的平均值、灌浆料强度均应符合规范要求。

2. 灌浆施工中灌浆料抗压强度检验

1）灌浆料 28d 标养：每工作班取样不得少于 1 次，每楼层取样不得少于 3 次。每次抽取 1 组 40mm×40mm×160mm 的试件，试件成型过程中应不振动试模，应在 6min 内完成成型过程，标准养护 28d 后进行抗压强度试验。

2）根据施工现场及大气环境，施工现场至少留置 1 组同条件养护试件。灌浆料同条件养护试件抗压强度达到 35MPa 后，方可进行对接头有扰动的后续施工；临时固定措施的拆除应在灌浆料抗压强度能确保结构达到后续施工承载要求后进行。

3）冬期施工时，需留置同条件养护试块 2 组，测试 1d 抗压强度及 3d 抗压强度；同条件 7d 后标准养护 28d 的试块 1 组。

4）堵缝用高强砂浆应符合设计要求。当设计无要求时，应比墙体混凝土强度高 10MPa 且不小于 40MPa；制作试件为边长 70.7mm 的立方体。试件 6 块为 1 组，每层不少于 3 组。

3. 钢筋连接

1）钢筋连接采用焊接连接或机械连接时，由于装配式混凝土结构中钢筋连接的特殊性，很难做到连接试件原位截取，故要求制作平行加工试件。平行加工试件应与实际钢筋连接接头的施工环境相似，并宜在工程结构附近制作。现浇节点部位钢筋机械连接需在墙体钢筋验收前进行现场平行检验，每层不同规格钢筋接头 500 个为一批。

2）预制构件采用焊接连接时，其材料性能及施工质量均应符合现行《钢筋焊接及验收规程》（JGJ 18）的相关要求；预制构件采用螺栓连接时应符合设计要求，其材料性能及施工质量均应符合现行《钢结构工程施工质量验收标准》（GB 50205）及《混凝土用机械锚栓》（JG/T 160）的相关要求。钢材、焊条及螺栓等材料厂家应提供检验报告、合格证等，并按进场批次进行报验。表 8-10 为装配式结构试验项目——施工试验。

表 8-10 装配式结构试验项目——施工试验

序号	试验项目	试验内容	取样方法	备注
1	灌浆套筒连接	公称面积 极限抗拉强度 接头破坏形态及断裂位置 残余变形 屈服强度 最大力总伸长率	工艺检验	

序号	试验项目	试验内容	取样方法	备注
2	灌浆料 （常温施工）	28d 标准养护抗压强度	每工作班取样不得少于 1 次，每楼层取样不得少于 3 次	
		1d 同条件养护抗压强度	每工作班取样不得少于 1 次	
3	灌浆料 （冬期施工）	−5℃养护 1d −5℃养护 3d −5℃养护 7d 后 标养 28d	每工作班取样不得少于 1 次，每楼层取样不得少于 3 次	
4	钢筋直螺纹连接	公称面积 极限抗拉强度 接头破坏形态及断裂位置	每层不同规格钢筋接头 500 个为一批	
5	钢筋焊接	公称面积 抗拉强度 接头破坏形态及断裂位置	每层不同规格钢筋接头 500 个为一批	

8.3 施工质量验收

8.3.1 一般规定

1. 装配式施工质量验收均应在各相关主体单位自检合格的基础上进行。
2. 参加工程施工质量验收的各方人员应具备相应的资格。
3. 检验批的质量应按主控项目和一般项目验收。
4. 对涉及结构安全、节能、环境保护和主要使用功能的试块、试件及材料，应在进场时或施工中按规定进行见证检验。
5. 隐蔽工程在隐蔽前应由施工单位通知监理单位进行验收，并应形成验收文件，验收合格后方可继续施工。
6. 对涉及结构安全、节能、环境保护和使用功能的重要分部工程，应在验收前按规定进行抽样检验。
7. 装配式构件及工程的观感质量应由验收人员现场检查，并应共同确认。

8.3.2 首件验收

1. 首件验收的基本要求
1）一般规定
预制混凝土构件生产企业生产的同类型首个预制构件，建设单位应组织设计单位、施工单位、监理单位、预制混凝土构件生产企业进行验收，合格后方可进行批量生产。

2）验收条件

（1）预制构件首件验收的时间宜在模板支设、钢筋绑扎、预留预埋件固定之后、混凝土浇筑之前进行。

（2）验收宜在构件生产单位自检合格的基础上进行。

（3）验收地点为预制混凝土构件生产单位。

3）验收内容及规定

（1）生产预制混凝土构件所使用的原材料的复试报告。

（2）根据预制混凝土构件深化设计图纸，对各类构件的模具安装、预埋件和预留孔洞、钢筋半成品、预埋件及钢筋成品的尺寸偏差进行检验。

（3）施工单位尤其需要关注辅助施工的预留、预埋情况。

（4）首件验收完成后，应填写验收记录，验收结论为合格方可进行批量生产；验收为不合格的，构件厂应根据各方提出的要求进行整改，整改后需要重新组织验收。

2. 模具验收

1）一般规定

（1）模具应具有足够的承载力、刚度和稳定性，保证在构件生产时能可靠承受浇筑混凝土的质量、侧压力及工作荷载。

（2）模具应支、拆方便，且应便于钢筋安装和混凝土浇筑、养护。

（3）隔离剂应具有良好的隔离效果，且不得影响脱模后混凝土表面的后期装饰。

2）主控项目

（1）用作底模的台座、胎模、地坪及铺设的底板等均应平整光洁，不得下沉、裂缝、起砂或起鼓。

（2）模具及所用材料、配件的品种、规格等应符合设计要求。

（3）模具的部件与部件之间应连接牢固；预制构件上的预埋件均应有可靠固定措施。

（4）清水混凝土构件的模具接缝应紧密，不得漏浆、漏水。

3）一般项目

（1）模具内表面的隔离剂应涂刷均匀、无堆积，且不得沾污钢筋；

（2）模具内应无杂物。

板类构件、墙板类构件模具安装尺寸允许偏差应符合表 8-11 的规定。

表 8-11　板类构件、墙板类构件模具安装尺寸允许偏差

项次	检验项目		允许偏差（mm）
1	长（高）	墙板	0，-2
		其他板	±2
2	宽		0，-2
3	厚		±1
4	翼板厚		±1
5	肋宽		±2
6	檐高		±2

续表

项次	检验项目		允许偏差（mm）
7	檐宽		±2
8	对角线差*		4
9	表面平整	清水面*	1
		普通面*	2
10	板*		$L/1000$ 且≤4
11	侧向弯曲	墙板*	$L/1500$ 且≤2
12	扭翘		$L/1500$
13	拼板表面高低差		0.5
14	门窗口位置偏移		2

注：L 为构件长度（mm），* 表示不允许超偏差项目。

（3）预埋件和预留孔洞的尺寸允许偏差应符合表 8-12 的规定。

表 8-12　预埋件和预留孔洞的尺寸允许偏差

项次	检验项目		允许偏差（mm）
1	预埋钢板中心线位置		3
2	预埋管、预留孔中心线位置		3
3	插筋	中心线位置	5
		外露长度	+10，0
4	预埋螺栓	中心线位置	2
		外露长度	+5，0
5	预留洞	中心线位置	3
		尺寸	+3，0

3. 钢筋及预埋件

1）钢筋、预应力筋及预埋件入模安装固定后，浇筑混凝土前应进行构件的隐蔽工程质量检查。其内容包括：

（1）纵向受力钢筋的牌号、规格、数量、位置等；

（2）钢筋的连接方式、接头位置、接头数量、接头面积百分率等；

（3）箍筋、横向钢筋的牌号、规格、数量、间距等；

（4）预应力筋的品种、规格、数量、位置等；

（5）预应力筋锚具的品种、规格、数量、位置等；

（6）预留孔道的规格、数量、位置，灌浆孔、排气孔、锚固区局部加强构造等；

（7）预埋件的规格、数量、位置等。

2）钢筋焊接应按现行行业标准《钢筋焊接及验收规程》（JGJ 18）的规定制作试件进行焊接工艺试验，试验结果合格后方可进行焊接生产。

3）采用钢筋机械连接接头及套筒灌浆连接接头的预制构件，应按现行国家相关标准的规定制作接头试件，试验结果合格后方可用于构件生产。

4）钢筋半成品外观质量要求应符合表 8-13 的规定。

表 8-13 钢筋半成品外观质量要求

项次	工序名称	检验项目		质量要求
1	冷拉	钢筋表面裂纹、断面明显粗细不匀		不应有
2	冷拔	钢筋表面斑痕、裂纹、纵向拉痕		不应有
3	调直	钢筋表面划伤、锤痕		不应有
4	切断	断口马蹄形		不应有
5	冷镦	镦头严重裂纹		不应有
6	热镦	夹具处钢筋烧伤		不应有
7	弯曲	弯曲部位裂纹		不应有
8	点焊	脱点、漏点	周边两行	不应有
9			中间部位	不应有相邻两点
10		错点伤筋、起弧蚀损		不应有
11	对焊	接头处表面裂纹、卡具部位钢筋烧伤		不应有
12	电弧焊	焊缝表面裂纹、较大凹陷、焊瘤、药皮不净		HPB300、HRB335 级钢筋有轻微烧伤 HRB400、HRB500 级钢筋不应有

5）钢筋半成品及预埋件尺寸偏差应符合表 8-14 的规定。

表 8-14 钢筋半成品及预埋件尺寸允许偏差

项次	工序名称	检验项目			允许偏差(mm)
1	冷拉	盘条冷拉率			$\pm1\%$
		热镦头预应力筋有效长度			$+5$，0
2	冷拔	非预应力钢丝直径		$\leqslant\phi^b4$	±0.1
3				$>\phi^b4$	±0.15
4		钢丝截面椭圆度		$\leqslant\phi^b4$	0.1
5				$>\phi^b4$	0.15
6	调直	局部弯曲		冷拉调直	4
7				调直机调直	2
8	切断	长度	切断机切断	非预应力钢筋	$+5$，-5
9				预应力钢筋	±2
10	冷镦	镦头		直径	$\geqslant1.5d$
11				厚度	$\geqslant0.7d$
12				中心偏移	1
13		同组钢丝有效长度极差			2
14	热镦	镦头		直径	$\geqslant1.5d$
15				中心偏移	2
16		同组钢筋有效长度级差		长度$\geqslant4.5m$	3
17				长度$<4.5m$	2

项次	工序名称	检验项目		允许偏差(mm)
18	弯曲	箍筋	内径尺寸	±3
19		其他钢筋	长度	0，−5
20			弓铁高度	0，−3
21			起弯点位移	15
22			对焊焊口与起弯点距离	>10d
23			弯钩相对位移	8
24		折叠	成型尺寸	±10
25	点焊	焊点压入深度应为较小钢筋直径的百分率	热轧钢筋点焊	18%～25%
26			冷拔低碳钢丝点焊	18%～25%
27	对焊	两根钢筋的轴线	折角	<2°
28			偏移	≤0.1d，且≤1
29	电弧焊	帮条焊接接头中心线的纵向偏移		≤0.3d
30		两根钢筋的轴线	折角	≤2°
31			偏移	≤0.1d 且≤1
32		焊缝表面气孔和夹渣	2d 长度上	≤2 个且≤6mm²
33		直径		≤3
34		焊缝厚度		−0.05d
35		焊缝宽度		+0.1d
36		焊缝长度		−0.3d
37		横向咬边深度		≤0.05d，且≤0.5
38	预埋件钢筋埋弧压力焊	钢筋咬边深度		≤0.5
39		钢筋相对钢板的直角偏差		≤2°
40		钢筋间距		±10
41	钢板冲剪与气割	规格尺寸	冲剪	0，−3
42			气割	0，−5
43		串角		3
44		表面平整		2
45	焊接预埋铁件	规格尺寸		0，−5
46		表面平整		2
47		锚爪	长度	±5
48			偏移	5

注：d 为钢筋直径（mm）。

6）钢筋成品尺寸允许偏差应符合表 8-15 的规定。

表 8-15　钢筋成品尺寸允许偏差

项次	检验项目		允许偏差(mm)
1	绑扎钢筋网片	长、宽	±5
		网眼尺寸	±10
2	焊接钢筋网片	长、宽	±5
		网眼尺寸	±10
		对角线差	5
		端头不齐	5

项次	检验项目		允许偏差（mm）
3	钢筋骨架	长	±10
		宽	±5
		厚	0，−5
		主筋间距	±10
		主筋排距	±5
		起弯点位移	15
		箍筋间距	±10
		端头不齐	5

4．验收程序

建设单位在接到预制混凝土构件生产单位对各首件产品自检合格的通知后，组织设计单位、施工单位、监理单位、预制混凝土构件生产企业对预制构件进行首件验收，如图 8-1～图 8-3 所示。

图 8-1　模具验收

图 8-2　钢筋绑扎验收

图 8-3　预制墙板成型验收

8.3.3　首段验收

1．一般规定

施工单位首个施工段预制构件安装和钢筋绑扎完成后，建设单位应组织设计单位、施工单位、监理单位进行验收，合格后方可进行后续施工。

2．验收条件

1）首段预制构件安装和钢筋绑扎已完成。

2）施工单位自检合格、相关资料齐全。

3. 首段验收单位、人员组成

1）建设单位：建设单位代表。

2）监理单位：专业监理工程师。

3）设计单位：专业负责人。

4）构件生产单位：技术负责人。

5）施工单位：项目部的质检负责人、专业技术负责人、技术负责人等。

4. 首段验收内容及规定

1）首段墙体构件安装和钢筋绑扎完成后需要检查以下内容：

（1）预制构件截面尺寸、预留钢筋、出厂证明文件等均符合设计及规范要求。

（2）预制构件粗糙面为麻面、构件预埋件、预留管线、预留洞位置、数量、尺寸符合设计要求。

（3）安装完成后，表面平整顺直，侧面斜撑固定牢固，垂直度、平整度、位置等均符合设计要求。

（4）现浇节点采用的钢筋品种、级别、规格符合设计要求，钢筋进场检查及复试检测报告合格。

（5）现浇节点配筋：竖向纵筋、钢筋连接灌浆套筒、接头百分率、钢筋伸入套筒长度、箍筋直径及间距、拉钩筋直径及间距等应符合设计要求。

（6）钢筋保护层厚度应符合设计要求。

2）在首段验收过程中由参加各方共同对施工区段进行评定，对不合格产品提出的整改意见由专人负责落实整改，项目部质检负责人对整改情况进行督促，整改完成后重新组织各方进行首段验收，直至产品合格。

3）首段验收完成后应填写首段验收记录，合格后方可进行下一道工序的施工，验收记录表8-16。

表8-16　首段验收记录

首段验收记录		编　号	
工程名称			
分部工程		分项工程	
验收项目		验收部位	
施工单位		生产单位	
施工执行标准			
验收依据：			
验收内容：			
验收结论：			

验收时间：　　年　月　日

建设单位	设计单位	监理单位	施工单位	构件生产单位

注：此表由施工单位填写。

8.3.4 进场检查与验收

1. 预制构件进场验收

1）一般规定

（1）预制构件进场后应由项目部组织验收。

（2）验收应随构件运输至现场后与卸车同时进行。

2）验收条件

（1）预制构件已卸车吊运至指定存放区，码放规范、安全可靠；

（2）预制构件相关资料已随构件进场且资料齐全、内容清楚；预制构件标识、标牌齐全，相关信息完整。

3）验收内容及规定

（1）材料管理人员核对进货单，查验预制构件的工程名称、构件型号、生产日期、生产单位、合格标识、监理签章等信息是否符合要求。

（2）检查人员应对预制混凝土构件的外观质量、尺寸偏差及钢筋灌浆套筒的预留位置、套筒内杂质、浆孔通透性等进行检验；同时应核查预制构件出厂合格证（此合格证为临时合格证，待混凝土 28d 强度报告出来后出具正式合格证）和相关质量证明文件（根据不同预制构件的类型与特点，应包含混凝土强度报告、钢筋复试报告、钢筋套筒灌浆接头复试报告、保温材料复试报告、面砖及石材拉拔试验、结构性能检验报告）等技术资料，未经验收或验收不合格的构件不得使用。

（3）为保证预制构件不存在有影响结构性能和安装、使用功能的尺寸偏差，在材料进场验收时应利用检测工具对预制构件尺寸项进行全数、逐一检查；同时还应对批量生产的预制混凝土梁、板类构件进行结构性能检测。

（4）为保证工程质量，在预制构件进场验收时对吊装预留吊环、预留栓接孔、灌浆套筒、电气预埋管、盒、键槽和粗糙面等质量进行全数检查。对检查出的存在外观质量问题的预制构件，可修复且不影响使用及结构安全按照专项技术处理方案进行处理，其余不得进场使用。

预制构件的外观质量缺陷可根据其影响预制构件的结构性能和使用功能的严重程度，按表 8-17 的规定划分严重缺陷和一般缺陷。

表 8-17 预制构件外观质量缺陷

项次	名称	现象	严重缺陷	一般缺陷
1	露筋	构件内钢筋未被混凝土包裹而外露	纵向受力钢筋有露筋	其他钢筋有少量露筋
2	蜂窝	混凝土表面缺少水泥砂浆而形成石子外露	构件主要受力部位有蜂窝	其他部位有少量蜂窝
3	孔洞	混凝土中孔穴深度和长度均超过保护层厚度	构件主要受力部位有孔洞	其他部位有少量孔洞
4	夹渣	混凝土中夹有杂物且深度超过保护层厚度	构件主要受力部位有夹渣	其他部位有少量夹渣

项次	名称	现象	严重缺陷	一般缺陷
5	疏松	混凝土中局部不密实	构件主要受力部位有疏松	其他部位有少量疏松
6	裂缝	缝隙从混凝土表面延伸至混凝土内部	构件主要受力部位有影响结构性能或使用功能的裂缝	其他部位有少量不影响结构性能或使用功能的裂缝
7	连接部位缺陷	构件连接处混凝土缺陷及连接钢筋、连接件松动	连接部位有影响结构传力性能的缺陷	连接部位有基本不影响结构传力性能的缺陷
8	外形缺陷	缺棱掉角、棱角不直、翘曲不平、飞边凸肋等	清水混凝土构件有影响使用功能或装饰效果的外形缺陷	其他混凝土构件有不影响使用功能的外形缺陷
9	外表缺陷	构件表面麻面、掉皮、起砂、沾污等	具有重要装饰效果的清水混凝土构件有外表缺陷	其他混凝土构件有不影响使用功能的外表缺陷

（5）上述1～4项检查合格后，由安全人员检查吊装设备合格后，由信号工指挥将构件起吊至距地面约1.5m，由质量检查人员检查构件底部质量：

① 墙体等竖向构件检查底部套筒预留情况，应无堵塞、破损等；

② 叠合板、阳台板、楼梯等水平构件，应无翘曲、弯折、裂缝、漏筋等质量问题。

（6）板类和墙板类构件的尺寸允许偏差应分别符合表8-18、表8-19的要求。

表8-18　板类构件尺寸允许偏差

项次	检验项目			允许偏差（mm）
1	规格尺寸	长		+10，−5
2		宽		±5
3		厚		+5，−3
4		翼板厚		±5
5		肋宽		±5
6		对角线差		10
7	外形	表面平整	模具面	3
			手工面	4
8		侧向弯曲		$L/1000$ 且 ≤20mm
9		扭翘		$L/1000$
10	预埋部件	铁件	中心线位置偏移	10
11			平面高差	3
12		螺栓、销栓	中心线位置偏移*	3
13			留出长度	+10，−5
14		插筋、木砖	中心线位置偏移	10
15			插筋留出长度	±20
16		吊环	相对位置偏移	30
17			留出高度	±10
18		电线管、电盒	水平方向中心线位置偏移	20
19			垂直方向中心线位置偏移	+5，0
20	预留孔洞	孔洞	中心线位置偏移	5
21			规格尺寸	+10，0
22		安装孔中心线位置偏移*		5
23		主筋外留长度		+10，−5
24		主筋保护层		+5，−3

注：L 为构件长度（mm），*表示不允许超偏差项目。有装饰要求的板类构件尺寸偏差按墙板类标准执行。

表 8-19 墙板类构件尺寸允许偏差

项次	检验项目			允许偏差（mm）
1	规格尺寸	高		±3
2		宽		±3
3		厚		±2
4		对角线差*		5
5		门窗口	规格尺寸	±4
6			对角线差*	4
7			位置偏移*	3
8	外形	清水面表面平整*		2
		普通面表面平整*		3
9		侧向弯曲*		$L/1000$ 且$\leqslant$5
10		扭翘		$L/1000$ 且$\leqslant$5
11		门窗口内侧平整		2
12		装饰线条宽度		±2
13	预埋部件	铁件	中心线位置偏移	5
14			平面高差	3
15		安装结构用吊环	中心线位置偏移*	10
16			留出长度*	±10
17		插筋、木砖	中心线位置偏移	10
18			插筋留出长度	±10
19	预留孔洞	中心线位置偏移		5
20		安装门窗预留孔深度		±5
21		规格尺寸		±5
22		主筋保护层*		+5，−3
23	结构安装用预留件（孔）	螺栓	中心线位置偏移*	3
24			留出长度	+5，0
25		内螺母、套筒、销孔等中心线位置偏移*		2

注：L 为构件长度（mm），* 表示不允许超偏差项目。

4）预制混凝土构件进场验收记录

（1）预制混凝土构件进场验收应留有验收记录及影像资料。

（2）进场构件经监理人员与总包人员验收合格后，填写预制构件进场验收记录，见表 8-20。

表 8-20 预制构件进场验收记录

工程名称				楼号：		拖车号：		日期：
序号	规格型号/部位	进场数量	合格证号	检查项目				
				外观	尺寸	预埋件	预留孔洞	外露钢筋
1								
2								
3								

5）预制构件进场验收常见问题

预制构件进场验收常见质量问题包括构件开裂、构件棱角损坏、保温层与结构脱离、销键模具未清、外墙板装饰面损杯或分格不均等，如图 8-4～图 8-13 所示。

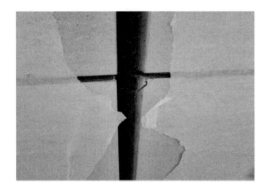

图 8-4　瓷板排板错误

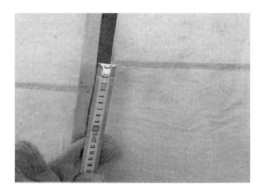

图 8-5　瓷板损坏

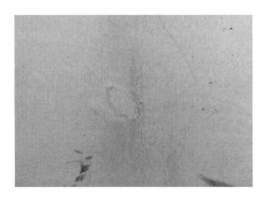

图 8-6　预制墙开裂

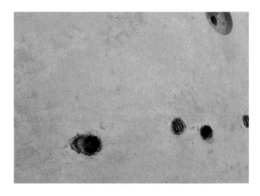

图 8-7　灌浆孔位置开裂

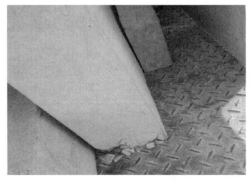
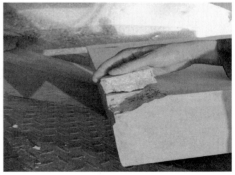

图 8-8　预制外墙缺棱掉角

图 8-9 保温层与结构脱离

图 8-10 预制外墙端部未封闭　　　　　　　图 8-11 套筒错位

图 8-12 叠合板损坏　　　　　　　　　图 8-13 构件销键模具未清理

2. 预制混凝土构件连接材料进场验收

预制混凝土构件连接材料：钢筋接头灌浆料、钢筋连接用连接件、钢筋连接用套筒、坐浆料、密封材料等应具有产品合格证等质量证明文件，并经进场复试合格后方可用于工程。

125

1）灌浆料及坐浆料进场验收，钢筋套筒灌浆连接接头采用的灌浆料应符合现行行业标准《钢筋连接用套筒浆料》（JG/T 408）的规定。同种直径钢筋、同配合比灌浆料、每工作班灌浆接头施工时留置 1 组试件，每组 3 个试块，试块规格为 40mm×40mm×160mm。标准养护 28d 后进行抗压强度试验，以确定灌浆料强度。

灌浆料质量证明文件：重点检查使用说明书、产品合格证、出厂检测报告、型式检验报告，三者所涉及灌浆料生产厂家、名称、规格、型号、生产日期等相关信息应互为统一。

2）螺栓及连接件进场验收装配式结构采用螺栓连接时应符合设计要求，并应分别符合现行《钢结构工程施工质量验收标准》（GB 50205）及《混凝土用机械锚栓》（JG/T 160）的相关要求。

3）密封胶应与混凝土具有相容性，以及规定的抗剪切和伸缩变形能力；密封胶尚应具有防霉、防火、防水、耐候等性能；硅酮、聚氨酯、聚硫建筑密封胶应分别符合现行国家、行业标准《硅酮和改性硅酮建筑密封胶》（GB/T 14683）、《聚氨酯建筑密封胶》（JC/T 482）、《聚硫建筑密封胶》（JC/T 483）的规定。

3. 钢筋定距定位器具进场验收

钢筋定距定位器具是在叠合板混凝土浇筑前、后，以及预制墙体安装前对待插入预制墙体的竖向钢筋进行定位的重要措施，在施工前项目部将根据设计图纸对墙体及不同安装部位的钢筋定位钢板进行设计、制作，制作完成后，在使用前对不同部位所使用钢筋定位钢板的平面尺寸、孔洞大小、孔洞位置进行检验、校正，使之符合使用要求。

4. 不合格品控制

严格控制预制混凝土构件验收及相关连接材料进场验收管理工作，对不合格的构件及材料应做退场处理，并填写不合格品控制记录及退场记录。

8.3.5 关键工序验收

1. 预制构件吊装验收
1）预制构件吊装前验收项
（1）构件吊装前除应对构件进场检验项目进行复核外，还应根据吊装流程确认构件的编号与型号，无误后方能起吊。
（2）构件吊装前需要对预埋吊环、吊装梁等进行复核、检验。
（3）构件吊装前需要对预留插筋的位置、长度等进行复核。
（4）构件吊装前需要对预埋螺母或灌浆砂浆垫块的标高、位置等进行复核。
（5）外墙外侧封堵验收。
2）预制构件吊装验收
（1）预制构件吊装完成后需填写构件吊装记录，构件安装尺寸允许偏差应符合表 8-21的要求。
（2）检查数量：按楼层、结构缝或施工段划分检验批。在同一检验批内，对梁、柱，应抽查构件数量的 10%，且不少于 3 件；对墙和板，应按有代表性的自然间抽查 10%，且不少于 3 间；对大空间结构，墙可按相邻轴线间高度 5m 左右划分检查面，板可按纵、横轴线划分检查面，抽查 10%，且均不少于 3 面。

表 8-21　预制构件安装尺寸的允许偏差及检验方法

项目		允许偏差（mm）	检验方法
构件中心线对轴线位置	基础	15	尺量检查
	竖向构件(柱、墙板、桁架)	10	
	水平构件(梁、板)	5	
构件标高	梁、板底面或顶面	±5	水准仪或尺量检查
	柱、墙板顶面	±3	
构件垂直度	柱、墙板 <5m	5	经纬仪量测
	≥5m 且<10m	10	
	≥10m	20	
构件倾斜度	梁、桁架	5	垂线、尺量检查
相邻构件平整度	板端面	5	钢尺、塞尺量测
	梁、板下表面 抹灰	5	
	不抹灰	3	
	柱、墙板侧表面 外露	5	
	不外露	10	
构件搁置长度	梁、板	±10	尺量检查
支座、支垫中心位置	板、梁、柱、墙板、桁架	±10	尺量检查
接缝宽度		±5	尺量检查

2. 套筒灌浆验收

1) 套筒灌浆施工前需核查的内容

(1) 灌浆料外观检查：外包装表面产品标识所涉及生产厂家、名称、规格、型号、生产日期等信息应与质量证明文件一致。

(2) 预制墙体进场时，应由构件生产厂家提供套筒隐蔽工程验收资料及检验报告。

(3) 灌浆施工前对分仓、封堵、灌浆孔、出浆孔通畅情况进行检验。

(4) 灌浆施工前对各环节进行检验后，需填写灌浆申请记录，申请被批准后实施灌浆施工作业。

2) 套筒灌浆施工验收

(1) 在进行钢筋套筒灌浆连接施工时为保证灌浆密实饱满，灌浆操作全过程应有专职质检员负责旁站，监理人员监督，并在对其进行全数检查的同时及时形成灌浆作业施工质量检查记录，灌浆施工过程需有影像资料。

(2) 施工现场钢筋套筒接头、灌浆料试件强度应符合设计要求及相关技术标准规定。

① 检查数量：同种直径钢筋、同配合比灌浆料、每工作班取样不得少于 1 次，每楼

层取样不得少于 3 次。每次抽取 1 组 40mm×40mm×160mm 的试件，每组 3 个试块标准养护 28d 后进行抗压强度试验。

② 检验方法：检查试件强度试验报告。

（3）当施工过程中灌浆料抗压强度、灌浆质量不符合要求时，应由施工单位提出技术处理方案，经监理、设计单位认可后进行处理。经处理后的部位应重新验收。

① 检查数量：全数检查。

② 检验方法：检查处理记录。

8.3.6 主要分项工程验收

1. 一般规定

1) 预制构件与预制构件、预制构件与主体结构之间的连接应符合设计要求。

2) 装配式结构工程应在安装施工及浇筑混凝土前完成下列隐蔽项目的现场验收：

（1）预制构件与后浇混凝土结构连接处混凝土的粗糙面或键槽；

（2）后浇混凝土中钢筋的牌号、规格、数量、位置、锚固长度；

（3）结构预埋件、螺栓连接、预留专业管线的数量与位置。

2. 模板与支撑验收

1) 主控项目

预制构件安装临时固定支撑应稳固可靠，应符合设计、专项施工方案要求及相关技术标准的规定。

（1）检查数量：全数检查。

（2）检验方法：观察检查，检查施工记录或设计文件。

2) 一般项目

（1）装配式结构中后浇混凝土结构模板安装的偏差应符合表 8-22 的规定。

（2）检查数量：在同一检验批内，对梁和柱，应抽查构件数量的 10%，且不少于 3 件；对墙和板，应按有代表性的自然间抽查 10%，且不少于 3 间。

表 8-22 模板安装允许偏差及检验方法

项目		允许偏差 (mm)	检验方法
轴线位置		5	尺量检查
底模上表面标高		±5	水准仪或拉线、尺量检查
截面内部尺寸	柱、梁	+4，−5	尺量检查
	墙	+2，−3	尺量检查
层高垂直度	不大于 5m	6	经纬仪或吊线、尺量检查
	大于 5m	8	经纬仪或吊线、尺量检查
相邻两板表面高低差		2	尺量检查
表面平整度		5	2m 靠尺和塞尺检查

注：检查轴线位置时，应沿纵、横两个方向量测，并取其中的较大值。

3. 钢筋

1）主控项目

预制构件采用直螺纹钢筋灌浆套筒连接时，钢筋的直螺纹连接应符合现行行业标准《钢筋机械连接技术规程》（JGJ 107）的规定，钢筋套筒灌浆接头应符合设计要求及有关标准的规定。

（1）检查数量：按同一工程、同一牌号和规格的钢筋，灌浆前制作 3 个平行试件。

（2）检验方法：检查钢筋接头力学性能试验报告。

2）一般项目

（1）装配式结构中后浇混凝土中连接钢筋、预埋件安装位置的允许偏差及检验方法应符合表 8-23 的规定。

表 8-23　连接钢筋、预埋件安装位置的允许偏差及检验方法

项目		允许偏差 （mm）	检验方法
连接钢筋	中心线位置	5	尺量检查
	长度	±10	
灌浆套筒连接钢筋	中心线位置	2	宜用专用定位模具整体检查
	长度	3，0	尺量检查
安装用预埋件	中心线位置	3	尺量检查
	水平偏差	3，0	尺量和塞尺检查
斜撑预埋件	中心线位置	±10	尺量检查
普通预埋件	中心线位置	5	尺量检查
	水平偏差	3，0	尺量和塞尺检查

注：检查预埋件中心线位置时，应沿纵、横两个方向量测，并取其中较大值。

（2）检查数量：在同一检验批内，对梁和柱，应抽查构件数量的 10%，且不少于 3 件；对墙和板，应抽查按有代表性自然间的 10%，且不少于 3 间。

4. 混凝土

1）主控项目

（1）装配式结构安装连接节点和连接接缝部位的后浇筑混凝土强度应符合设计要求。

① 检查数量：每工作班同一配合比的混凝土取样不得少于 1 次，每次取样应至少留置 1 组标准养护试块，同条件养护试块的留置组数宜根据实际需要确定。

② 检验方法：检查施工记录及试件强度试验报告。

（2）装配式结构后浇混凝土的外观质量应没有严重缺陷。对已经出现的严重缺陷，应由施工单位提出技术处理方案，并经监理（建设）单位认可后进行处理。对经处理的部位，应重新检查验收。

① 检查数量：全数检查。

② 检验方法：观察检查，检查技术处理方案。

2）一般项目

装配式结构后浇混凝土的外观质量不宜有一般缺陷。对已经出现的一般缺陷，应由施工单位按技术处理方案进行处理，并重新检查验收。

① 检查数量：全数检查。

② 检验方法：观察，检查技术处理方案。

5. 预制构件安装

1）主控项目

（1）对工厂生产的预制构件，进场时应检查其质量证明文件和标识。预制构件的质量、标识应符合设计要求及现行国家相关标准的规定。

① 检查数量：全数检查。

② 检验方法：观察检查，检查出厂合格证及相关质量证明文件。

（2）预制构件的外观质量应没有严重缺陷，且应没有影响结构性能和安装、使用功能的尺寸偏差。

① 检查数量：全数检查。

② 检验方法：观察检查。

（3）施工现场钢筋套筒接头灌浆料试件强度应符合设计要求及相关技术标准的规定。

① 检查数量：同种直径钢筋、同配合比灌浆料、每工作班灌浆接头施工时留置 1 组试件，每组 3 个试块，试块规格为 40mm×40mm×160mm。

② 检验方法：检查试件强度试验报告。

（4）预制构件采用焊接或螺栓连接时，连接材料的性能及施工质量应符合设计要求及相关技术标准的规定。

① 检查数量：全数检查。

② 检验方法：检查出厂合格证及相关质量证明文件、施工记录。

（5）装配式结构预制构件连接接缝处防水材料应符合设计要求，并具有合格证、厂家检测报告及进场复试报告。

① 检查数量：全数检查。

② 检验方法：检查出厂合格证及相关质量证明文件。

2）一般项目

（1）预制构件的外观质量不宜有一般缺陷。

① 检查数量：全数检查。

② 检验方法：观察检查。

（2）预制构件的尺寸允许偏差及检验方法应符合表 8-24 的规定。对施工过程用临时使用的预埋件中心线位置及后浇混凝土部位的预制构件尺寸允许偏差，可按表 8-24 的规定增长 1 倍执行。

① 检查数量：按同一生产企业、同一品种的构件，不超过 100 个为一批，每批抽查

构件数量的 5%，且不少于 3 件。

表 8-24　预制构件的尺寸允许偏差及检验方法

项目			允许偏差（mm）	检验方法
长度	楼板、梁、柱、桁架	<12m	±5	尺量
		≥12m 且<18m	±10	
		≥18m	±20	
	墙板		±4	
宽度、高（厚）度	楼板、梁、柱、桁架		±5	尺量一端及中部，取其中偏差绝对值较大处
	墙板		±4	
表面平整度	楼板、梁、柱、墙板内表面		5	2m 靠尺和塞尺量测
	墙板外表面		3	
侧向弯曲	楼板、梁、柱		L/750 且≤20	拉线、钢尺量最大侧向弯曲处
	墙板、桁架		L/1000 且≤20	
翘曲	楼板		L/750	调平尺在两端量测
	墙板		L/1000	
对角线差	楼板		10	尺量两个对角线
	墙板		5	
挠度变形	梁、板、桁架设计起拱		±10	拉线、钢尺量最大弯曲处
	梁、板、桁架下垂		0	
预留孔	中心线位置		5	尺量检查
	孔尺寸		±5	
预留洞	中心线位置		10	尺量检查
	洞口尺寸、深度		±10	
门窗口	中心线位置		5	尺量检查
	宽度、高度		±3	
预埋件	预埋板中心线位置		5	尺量检查
	预埋板与混凝土面平面高差		±5	
	预埋螺栓外露长度		+10，−5	
	预埋螺栓、预埋套筒中心线位置		2	
	线管、电盒、木砖、吊环在构件平面的中心线位置偏差		20	
	线管、电盒、木砖、吊环与构件表面混凝土高差		0，−10	
预留插筋	中心线位置		5	尺量检验
	外露长度		+10，−5	
键槽	中心线位置		5	尺量检验
	长度、宽度		±5	
	深度		±10	
桁架钢筋高度			+5，0	尺量检查

注：L 为构件长度（mm）。

② 检验方法：检查中心线、螺栓和孔洞位置偏差时，应沿纵、横两个方向量测，并取其中偏差较大值。

（3）装配式结构预制构件的粗糙面或键槽应符合设计要求。

① 检查数量：全数检查。

② 检验方法：观察检查。

（4）装配式结构钢筋连接套筒灌浆应饱满。

① 检查数量：全数检查。

② 检验方法：观察检查。

（5）装配式结构安装完毕后，预制构件安装尺寸的允许偏差及检验方法应符合表 8-25 的要求。

表 8-25　预制构件安装尺寸的允许偏差及检验方法

项目			允许偏差（mm）	检验方法
构件中心线对轴线位置	基础		15	尺量检查
	竖向构件（柱、墙板、桁架）		10	
	水平构件（梁、板）		5	
构件标高	梁、板底面或顶面		±5	水准仪或尺量检查
	柱、墙板顶面		±3	
构件垂直度	柱、墙板	<5m	5	经纬仪量测
		≥5m 且<10m	10	
		≥10m	20	
构件倾斜度	梁、桁架		5	垂线、尺量检查
相邻构件平整度	梁、板下表面	板端面	5	钢尺、塞尺量测
		抹灰	5	
		不抹灰	3	
	柱、墙板侧表面	外露	5	
		不外露	10	
构件搁置长度	梁、板		±10	尺量检查
支座、支垫中心位置	板、梁、柱、墙板、桁架		±10	尺量检查
接缝宽度			±5	尺量检查

① 检查数量：按楼层、结构缝或施工段划分检验批。在同一检验批内，对梁、柱，应抽查构件数量的 10%，且不少于 3 件；对墙和板，应抽查按有代表性自然间的 10%，且不少于 3 间；对大空间结构，墙可按相邻轴线间高度 5m 左右划分检查面，板可按纵、横轴线划分检查面，抽查 10%，且均不少于 3 面。

（6）装配式结构预制构件的防水节点构造做法应符合设计要求。

① 检查数量：全数检查。

② 检验方法：观察检查。

8.3.7　验收组卷

1. 验收文件及记录

装配式结构工程质量验收时，应提交下列文件与记录：

1）工程设计单位已确认的预制构件深化设计图、设计变更文件；

2）装配式结构工程所用主要材料及预制构件的各种相关质量证明文件；

3）预制构件安装施工验收记录；

4）钢筋套筒灌浆连接的施工检验记录；

5）连接构造节点的隐蔽工程检查验收文件；

6）叠合构件和节点的后浇混凝土或灌浆料强度检测报告；

7）密封材料及接缝防水检测报告；

8）分项工程验收记录；

9）工程的重大质量问题的处理方案和验收记录；

10）其他文件与记录。

2. 存档备案

装配式结构工程质量验收合格后，应将所有的验收文件归入混凝土结构子分部工程存档备案。

9   经济分析

9.1   装配式混凝土工程与现浇混凝土工程成本的对比

9.1.1   增量成本的构成

现阶段，制约装配式建筑快速发展的重要原因之一就是建造阶段的增量成本偏高。装配式混凝土建筑与现浇混凝土建筑在采暖工程、给排水工程、电气工程等分部工程方面区别不大，主要差异体现在安装工程费上。通过部分项目的统计数据分析表明，抗震设防等级为 6～8 度、预制率 30％ 以上的装配式混凝土项目的增量成本为 200～500 元/m^2，其中一定规模的项目的增量成本基本可以控制在 300 元/m^2，部分预制率较低的项目增量成本约为 150 元/m^2。装配式混凝土工程增量成本的构成如下：

1. 预制构件产品价格高于现浇产品。例如：北京地区预制夹芯保温外墙板价格在 4500～5000 元/m^3，而现浇混凝土外墙及外保温施工价格在 2000～2500 元/m^3，直接增加了建造成本。同时，预制构件运输距离的长短，也直接影响着其材料成本的增加幅度。

2. 机械费、预制构件吊装费用。由于预制构件体积大、质量重的特点，现场施工时对垂直运输机械的选用整体水平高于现浇项目，并增加了专业的吊装工具和信号工的数量，直接增加了机械租赁成本及人工成本。

3. 工序增加提高成本。装配式混凝土建筑外墙预制构件安装后需要对外墙缝表面用高分子密封材料封闭，以达到良好的密封防水效果，增加了相应费用。

9.1.2   减量成本的构成

1. 钢筋和混凝土工程：根据预制率不同，装配式混凝土建筑工程的部分钢筋和混凝土工程转移至预制构件厂进行，减少了这部分费用。

2. 砌筑工程：大部分项目采用预制内外墙板，砌筑工程量远低于传统现浇方式，使得这部分费用有所减少。

3. 周转材料：由于使用预制构件，施工过程中现场模板及支撑、模板支拆量大大减少，降低了模板费用，同时使用爬架替代脚手架，也可降低措施费用。

4. 抹灰工程：由于预制构件的平整度优于现浇工程，仅需要少量修补即可，减少了大量的抹灰工作，节约人工成本。

9.2 装配式混凝土工程与现浇混凝土工程造价其他影响因素对比分析

1. 装配式混凝土工程与现浇混凝土工程人工工种对比见表9-1。

表9-1 装配式混凝土工程与现浇混凝土工程人工工种对比

序号	专业种类	现浇混凝土工程	装配式混凝土工程	备注
1	结构专业	钢筋工、木工、混凝土工等	钢筋工、木工、混凝土工、吊装工、注浆工等	
2	装饰装修专业	瓦工、油工、抹灰工等	瓦工、油工、抹灰工、装配式装修安装工等	
3	机电安装专业	基本相同		

2. 装配式混凝土工程与现浇混凝土工程材料使用对比见表9-2。

表9-2 装配式混凝土工程与现浇混凝土工程材料使用对比

序号	专业种类	现浇混凝土工程	装配式混凝土工程	备注
1	结构专业	钢筋、模板、脚手架、混凝土、防水卷材、止水带、止水胶等	钢筋、模板、脚手架、混凝土、混凝土预制构件、注浆料、PC构件密封胶防水卷材、止水带、止水胶等	
2	装饰装修专业	砌块、砂浆、石膏、腻子、内外墙涂料、瓷砖、顶棚、洁具等	砌块、砂浆、石膏、腻子、内外墙涂料、瓷砖、顶棚、洁具,装配式涂装板地面、墙面、装配式整体厨房、卫生间模块等	

3. 装配式混凝土工程与现浇混凝土工程机具对比见表9-3。

表9-3 装配式混凝土工程与现浇混凝土工程机具对比

序号	机具类型	现浇混凝土工程	装配式混凝土工程	备注
1	大型机械	塔式起重机:一般只需考虑覆盖范围。外梯:一般只需要考虑洞口大小	塔式起重机:考虑预制构件的卸车、安装、存放等。外梯:考虑锚固位置	
2	小型机械	振捣棒、布料杆	灌浆机、搅拌机	

9.3 装配式混凝土工程主体结构成本管控重点

9.3.1 工期成本管控

装配式建筑受到客观因素及工艺的影响,需要对预制构件图纸进行拆分、加工深化,同时需要根据施工现场的进度要求安排生产,调配运输车辆,提前运至现场备用。过程中任何环节出现问题都会对工期造成影响,增加成本。

首先,在预制构件加工图纸阶段,设计、施工单位、构件供应单位三方应进行充分的沟通、融合，将预留孔洞、机电预留预埋材料等事项充分反映到构件的加工图纸上，避免因图纸错误造成的构件加工错误。其次，作为构件供应单位，预制构件的排产需要精确计划，根据施工现场的吊装需求，提前加工制作，保证供应。最后，施工单位的垂直运输机械要保证预制构件到场后及时卸车、存放，劳务作业人员配备充足、合理，具备完整的施工作业面，顺利完成预制构件的吊装。这样才能实现流水段的连续施工，确保工期可控，从而有效地降低因工期延长造成的人员、机械、管理费等成本费用的增加。

9.3.2　劳务成本管控

1. 劳务费成本计算方法

建筑业劳务费成本计算的方法很多，且各有特点，需要根据所建项目的特点有针对性地选择，从而进行有效的管理，控制劳务费成本支出。以下介绍几种常用的劳务费成本计算方法：

1）包干计算方法

以项目的建筑面积或实际施工面积为实施工程量的计算基数，根据建设项目的结构形式、质量标准、装修标准及其他特殊要求，测算并锁定每平方米造价水平，最终劳务成本由每平方米造价乘以实施工程量后的数据确定。

该方法计算简便、便于实施，只要根据项目的相关特征准确地测算出每平方米造价，可以较快地进行劳务费用的结算，锁定劳务成本。但如果项目实施过程中出现变更、洽商等因素，该方法不能准确地计算劳务成本。因此，在拆除改造项目、三边工程、图纸频繁调整的项目中不建议采用该方法。

2）工程量清单计算法

该方法是将项目劳务承包范围内的施工项目进行分解，划分为人工挖填土、混凝土浇筑、模板施工、钢筋制作及安装、二次结构砌筑、底层抹灰、刮腻子、粉刷内墙涂料、机电管线安装、设备安装等项目，并根据施工图纸计算各项目工程量。再测算并锁定各施工项目的综合单价，最终劳务成本以施工项目综合单价乘以工程量为准。

这种方法项目划分明确，单价的锁定降低了结算风险。装配式建筑除预制构件部分，地下、地上结构还存在大量的现浇施工部分。特别是地上现浇节点部位，体量小、施工难度大，如果使用包干计算的方法将不能满足该部分的造价需要。因此，采用工程量清单计算法可以针对节点施工单独制定价格，有效地解决此类问题，即使出现洽商、变更等情况，只需要计算相应变更项目的工程量乘以综合单价即可。该方法适用于工程施工复杂、变化较为频繁，或者前期没有图纸，需要边设计、边施工的项目。

2. 影响劳务费用的因素

1）预制构件拆分图纸与现场实际的衔接程度，直接影响劳务的工作效率

预制构件图纸在拆分过程中，需要设计、施工、预制构件厂三方共同协作完成。尽可能把施工过程中将要出现的问题在此阶段进行解决，提高劳务人员的施工效率。例如：叠合板中的预留埋件宜在预制构件加工时由构件厂进行预埋，一次成活，在预埋位置的精度上也更有保证，更重要的是提高了现场的施工效率，节约成本。

2）转换层施工方案应提前确定，避免劳务成本增加

装配式建筑转换层的施工是项目劳务成本管理中的难点，若控制不当，极易发生劳务人员误工、窝工、重复施工等情况，造成费用索赔，增加劳务成本支出。

转换层施工的具体方案宜在结构施工方案编制时由设计、施工、预制构件厂共同参与完成。设计单位根据结构计算数据，给出具体的施工工序、材料规格，在满足结构安全性能的前提下，尽可能降低施工的复杂程度。施工单位根据工序，提前采购需用材料，并提早向劳务人员进行交底，要求劳务人员做好施工安排，避免返工，最终满足预制构件的安装条件。

3. 零星用工的控制

施工过程中还要注意劳务零星用工的管控，在合同中要明确约定承包范围，范围内的工作绝不能出现零工签认的情况，特别是道路清扫、洒水、楼内垃圾清理、结构剔凿等工作都应包含在劳务承包合同范围内。合同外出现的施工内容，也要尽量避免以签认零工的形式出现，可以采用工程量清单模式锁定单价，双方确认工程量的方法进行结算。在不能避免签认零工的情况下，应在合同条款中提前明确零星用工的单价，防止价格争议，控制劳务支出成本。

9.3.3　材料费成本管控

1. 预制构件的管控

预制构件在装配式建筑中使用的体量大、造价占比高。在采购预制构件时，首先要对构件厂进行考察，从生产供应能力、质量要求、造价水平等方面进行综合评估。在原材费用基本相同的前提下，预制构件的运输距离对构件的单价有着较大的影响，在采购时需要重点关注。同时，施工现场要布置好预制构件的堆放场地，条件允许的情况下，应尽可能将存放场地布置在塔式起重机的回转半径内，便于构件的吊装施工。此外，预制构件的加工排产周期也需要精细计划，方能保证构件的按时供应，进而确保结构施工工期。

2. 重点材料的管控

材料费用在工程建设费用中占比较大，装配式工程由于使用大量预制构件，材料造价会高于现浇工程，因此把控好材料用量及价格，对节约项目成本至关重要。

1）钢筋材料的管控：施工前对钢筋工程量进行详细计算，提前策划钢筋原材采用场内或场外何种加工形式，以保证最低的损耗率。根据工程情况，编制措施钢筋施工方案，并报送监理、建设单位审批，按照方案结算措施钢筋工程量。同时，对下料后不可在工程主体上使用的钢筋边角料，可以用作楼梯井、电梯井、窗洞口等位置的临时防护材料，充分利用材料的边角料，节约成本。

2）混凝土材料的管控：装配式工程由于地上预制构件施工层，现浇节点部位多为一字形、T形、Y形等异型节点，工作面狭小，虽然混凝土浇筑体量较小，但施工难度较大，混凝土的损耗明显增加，导致混凝土供应单位与施工单位发生结算方面的分歧。为避免类似情况的发生，可以采用以图纸工程量为最终依据的结算方式，降低损耗的风险。

如果确实存在与图纸差异较大的损耗工程量，也可以根据自己的成本情况，适当弥补混凝土供应单位，以免出现供应不及时的不利情况。

3）周转材料的管控：装配式工程与现浇结构工程有所不同，因预制构件的大量使用，现场使用的周转材料数量虽有所减少，但经济性也相应降低。例如：模板材料主要用于地下及地上现浇节点部位，周转使用次数有所下降。需要提前策划好模板方案，包括模板的材质、规格、尺寸，是否需要采购大模板及小型定型模板。此外，外脚手架体系的选择也十分重要，是选用爬架体系，还是根据外墙预制构件的分布情况，量身定制外脚手架体系，都需要在前期的策划工作中进行专题论证。总之，无论选择何种类型的周转材料，目的就是要方便施工、缩短工期，最终达到控制成本的效果。

4）在条件允许的情况下，可以采用大宗材料集中采购的方式降低成本。在某一阶段材料价格较低时集中采购，通过庞大的体量进一步压低材料单价，实现采购总价的降低。这种方式还可以防止因为市场物价波动，导致的材料价格上涨风险，有效地管控材料成本。

3. 辅助材料的管控

辅助材料种类多且繁杂，生产标准也各有不同，如果全部自行采购，将耗费大量的精力，可以通过"以包代采"的方式进行管控。例如：将钢筋施工使用的火烧丝、混凝土施工使用的振捣棒、防水施工使用的冷底子油、喷灯等材料统一纳入劳务及专业分包工程的施工范围内，由承包单位进行采购，计入合同总价中，通过扩大合同范围的方式，给承包单位更多自主管理的权利，以达到管控成本的目的。

9.3.4 机具费管控

1. 塔式起重机的选型

塔式起重机是装配式工程预制构件吊装的重要机械工具，选用合理的塔式起重机，对提高施工效率和控制费用都是十分重要的。首先，应根据项目各单位工程的具体位置，进行塔式起重机的平面布置，再按照预制构件的最大质量来选择匹配的塔式起重机类型。在布置时还应考虑到装配式工程塔式起重机的锚固不能在预制构件上固定，需要将锚固点设置在建筑物内等客观因素，避免方案的重复调整。

部分型号塔式起重机租赁参考价格见表9-4。

表9-4 部分型号塔式起重机租赁参考价格

机械名称	型 号	计量单位	租赁价格 （万元/月）
塔式起重机	K80/115 型 70m/11.5t	台	22～25
	K50/50，C70/50 70m/5t	台	12～15
	K30/21 型 70m/2.1t	台	4.8～5.3
	MC480M25 型 74.9m/3t	台	12～16
	MC120 型 55m/1.6t	台	3～3.5
	QTZ75/20 型 75m/2t	台	5～6

机械名称	型 号	计量单位	租赁价格 （万元/月）
塔式起重机	QTZ6516 型 65m/1.6t	台	3.6～4.2
	QTZ5512～14 型 55m/1.4t	台	2.4～2.8
	QTZ125 型 50m/2.0t	台	3～3.5
	QTZ5013 型 50m/1.3t	台	2.4～2.6
	QTZ4015 型 40m/1.5t	台	1.8～2.2
	ST70/30 型 70m/3t	台	5.5～6
	ST6014/5 型 60m/1.5t	台	3.2～3.6
	TC5613 型 56m/1.3t	台	3～3.3
	TC100 型 50m/1.6t	台	2.4～2.8
	H3/36B 型 60m/3.6t	台	4～4.5
	F0/23B 型 50m/2.3t	台	3.2～3.8
	JL150 型 55m/2t	台	3.4～3.8

注：租赁价格仅供参考。

2. 其他机具的管控

对施工中需要使用的其他机具也要根据项目实际情况提前策划实施方案，经济合理地达到使用目的。例如：外用电梯在满足规范要求的前提下，何时安装使用既能满足施工需求，又能将租赁时间控制得当，需要精心筹划。外用吊篮的使用也要遵循安全性与经济性并存原则，根据现场情况是否需要在外檐施工时全面布置，而且应尽可能在布置时同时满足外墙涂料、外墙构件清缝打胶、外窗安装等工作，缩短吊篮租赁时间的同时，节约工期，控制成本支出。租赁参考价格见表9-5、表9-6。

表9-5　施工升降机租赁参考价格表

机械名称	型 号	计量单位	租赁价格 （万元/月）
升降机	SCD200/200、SC200/200	台	1.6～1.9
	SCD200/200K（高速）	台	4～4.5

表9-6　电动吊篮租赁参考价格表

机械名称	型 号	计量单位	租赁价格 （元/台班）
电动吊篮	ZLD500	台	60～70
	ZLD630	台	65～75
	ZLD800	台	60～70

注：租赁价格仅供参考。

9.3.5 措施费用管控

1. 安全文明施工费用管控

根据施工项目的实际情况及特点，通过施工组织策划对项目的临时设施、安全施工、文明施工、环境保护等工作进行细化。例如：临时道路采用现浇还是预制形式，特别是预制构件的存储场地区域采用何种材料。临时办公及住宿用房的搭建位置应尽可能避开主要建筑物、红线内市政管线，减少临时用房的二次或多次搬移。临边防护、洞口防护的材料可以使用钢筋废料焊接等方式，以便节约成本。

2. 总价措施项目费用管控

总价措施项目在工程投标报价中多为总价包干模式，管控具有一定的难度。例如：装配式剪力墙建筑冬雨期施工费一项，如果采取冬期施工，应将套筒注浆采用低温注浆料部分的增加费用计入报价中，确保收入。同时，在施工中提前准备需用材料，组织好劳务人员及相关试验工作，保证工序的顺畅衔接，避免发生因材料延误或试验问题，导致劳务用工的等待、工期延长、成本增加。

由于装配式建筑需要考虑预制构件的场内运输线路和存储场地，如果项目可使用的场地十分有限，不能完全满足要求，就需要考虑对现有场地进行加固、支撑，以满足构件运输及存储的需要。同时，在报价中应充分考虑，在具体实施阶段精确论证方案，甄选材料，尽可能采用如钢板、架子管等可重复回收利用的材料，控制成本支出。

9.3.6 企业管理费、利润管控

1. 企业管理费

企业管理费是指施工单位组织施工生产和经营管理所需要的费用，主要包括：

1）管理人员工资

2）办公费

3）差旅交通费

4）固定资产使用费

5）工具用具使用费

6）劳动保险和职工福利费

7）劳动保护费

8）检验试验费

9）工会经费

10）职工教育经费

11）财产保险费

12）财务费

13）税金

14）其他

2. 利润

利润是指施工单位从事建筑安装工程施工所获得的盈利，由施工企业根据企业自身需求并结合建筑市场实际自主确定。

3. 合理控制企业管理费的支出

由于企业管理费涵盖项目较多，在具体管控时要把握重点，合理控制成本支出。例如：在管理人员的配备方面要根据项目的体量大小、工期长短、施工的难易程度等因素，合理搭配相关专业的管理人员。在结构施工期应多配备土建专业施工管理人员，而装修期应相应减少土建人员，增加机电专业人员。同时，应根据工程进展情况，及时调配岗位人员，力争做到"人员精简、效率提高"。

检验试验费的管理中，应先统计钢筋、混凝土、锥螺纹套筒等大宗材料的整体用量，结合施工的整体组织安排，尽可能按照技术规范要求的每批次进货量的上限值进行检验试验工作。避免因频繁、小规模材料进货，造成检验试验次数增加，成本支出加大。

4. 获取利润的方法及途径

利润的获得方式有很多，但前提是在项目招标投标阶段及工程中标后，要策划项目的目标利润，以该目标为核心，通过施工管理、商务招采、经济洽变（洽商、变更）、索赔管理等方式，达到预期利润目标，实现项目盈利。

例如：把控工程的材料用量，将图纸工程量加定额损耗作为实际材料用量的上限值，控制工程量支出。通过洽商、变更的方式，调整施工工艺，变更材料做法，以达到利用变更后的造价替代或弥补投标中的潜亏项目，从而获得预期的利润。项目实施过程中，及时记录签认各种非自身原因导致的工期延误、人员误工等索赔资料，确认索赔造价，降低因不利客观因素造成的成本支出，确保目标利润的顺利实现。